林木果树嫁接
一本通

冯莎莎　主编

化学工业出版社

·北京·

本书主要内容包括嫁接的基础知识、嫁接时期及准备工作、嫁接方法、嫁接后的管理要点、嫁接方法的实际应用、林果的嫁接育苗和高接换种六个部分。全书内容系统丰富，语言通俗易懂，技术先进实用，图解形象直观，可操作性强，可供广大果农和园林工作者学习使用，也可供林果技术人员、林果专业的教学和研究人员阅读参考。

图书在版编目（CIP）数据

林木果树嫁接一本通/冯莎莎主编．—北京：化学工业出版社，2016.7（2021.2 重印）
ISBN 978-7-122-27216-4

Ⅰ．①林… Ⅱ．①冯… Ⅲ．①苗木-嫁接②果树-嫁接 Ⅳ．①S723.2②S660.4

中国版本图书馆 CIP 数据核字（2016）第 120659 号

责任编辑：张林爽　　　　　　装帧设计：关　飞
责任校对：边　涛

出版发行：化学工业出版社（北京市东城区青年湖南街 13 号　邮政编码 100011）
印　　装：北京七彩京通数码快印有限公司
850mm×1168mm　1/32　印张 7¼　字数 181 千字
2021 年 2 月北京第 1 版第 5 次印刷

购书咨询：010-64518888　　售后服务：010-64518899
网　　址：http://www.cip.com.cn
凡购买本书，如有缺损质量问题，本社销售中心负责调换。

定　　价：28.00 元

《林木果树嫁接一本通》
编写人员名单

主　　编　冯莎莎

副　主　编　张小红　　尉文斌

编写人员　冯莎莎　　张小红　　尉文斌　　姚太梅

　　　　　　刘　畅　　金亚征　　郑志新　　贾志国

　　　　　　孟优优　　崔培雪

前　言

　　嫁接是劳动人民在长期的生产实践中创造的实用技术。通过嫁接，可以保持品种的优良特性，并使果树早结果、早丰产，使园林树木可以更快起到美化环境的作用。我国现有果树品种相当混杂，质量不佳的品种占有相当大的比例，经济价值低。因此，迫切需要对这些劣种果园加以改造。园林树木种类需要多样化，也必须实现良种化，提高园林绿化的质量。同时，我国果树、林木的野生资源丰富，可充分加以利用。随着科学技术的不断发展，嫁接技术也在不断地丰富、发展和创新，应用范围不断扩大，它在苗木培育、高接换种、增强树体抗性、调控树体长势、挽救垂危树木等方面发挥了重要的作用。

　　嫁接主要分为枝接和芽接，每一类又包括许多具体方法，而各种林果树种由于生长发育特性的不同，嫁接时又有特殊的要求。为了更好地推广和应用嫁接技术，我们结合多年科研、生产经验编写了《林木果树嫁接一本通》一书。本书介绍了嫁接的相关知识、嫁接砧木和接穗的处理、嫁接前工具的准备、最佳的嫁接时期、不同嫁接方法技术要点和难点、嫁接后的管理重点、一些嫁接方法的实际应用，以及多种重要林果的嫁接育苗和高接换种。为了使内容先进实用，在编写过程中参考了国内外相关的资料和图书，调研了生产应用情况，尽量能够全面详尽地介绍嫁接技术。在编写形式上，本书本着"图文并茂、形象直观、浅显易懂"的原则，增强不同嫁接方法各个环节的直观性、可操作性。

　　本书由于成书时间仓促，笔者水平有限，书中难免有疏漏和不妥之处，诚恳地希望各位读者朋友批评指正。同时对本书参考资料的作者表示衷心感谢。

编者

2016 年 5 月

目 录

第三章　嫁接方法 / 52

第六章　林果的嫁接育苗和高接换种 / 128

第一章
嫁接的基础知识

本章知识要点：

- ★ 嫁接以及相关名词解释
- ★ 嫁接成活的原理
- ★ 影响嫁接成活的因素

第一节
嫁接的概念与相关名词解释

（1）**植物嫁接**　嫁接为在园艺活动中所使用的一种植物繁殖方法，即将植物体的一部分固定在另外一个植物体上，使其组织相互愈合，培养为独立个体。在嫁接中，上面的部分称为接穗，通常形成树冠；下面的部分称为砧木，通常形成根系。

知识链接

接穗是在植物嫁接操作中，用来嫁接到砧木上的芽、枝等分生组织。接穗是枝条的，称为枝接；接穗是芽片的，即为芽接。枝接以春秋两季进行为宜，尤其是春季成活率较高；芽接以夏季进行为宜。

（2）**实生砧木** 利用种子播种繁殖的砧木为实生砧，多指有性实生砧，一般主根明显，根系发达，对土壤适应性强，固地性好，抗倒伏，多数不带病毒，但砧木苗性状变异较大，一致性差。少数果树种类具有无融合生殖特性，性状变异小，其实生后代整齐一致，如苹果属中的湖北海棠、变叶海棠等。

（3）**营养系（无性系）砧木** 是利用植株营养器官的一部分，通过扦插（图 1-1）、分株（图 1-2）、压条（图 1-3）或组织培养（图 1-4）等无性繁殖方法培养成的砧木。营养系砧木容易携带和传

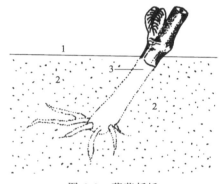

图 1-1　葡萄扦插

1—塑料地膜；2—基质；3—插条

图 1-2　草莓分株繁殖

图 1-3　石榴压条繁殖

图 1-4　苹果组织培养

播多种病毒，但因是无性繁殖，后代性状变异少，能够保持母株的优良性状，砧木苗整齐度高。

（4）**乔化（普通）砧木**　指嫁接果树品种后，生长不受影响，树体大小表现为该品种正常树高和冠径的砧木。乔化砧木根系发达，抗逆性强，固地性好，生长健壮，进入结果期较晚，如苹果的实生乔化砧木（如山定子、海棠等）和无性系乔化砧木（如 M_{16}、

M_{25}等)。

(5) **矮化砧木** 能使嫁接树体在树高和冠径方面变矮小的砧木。使用矮化砧木的树体矮小紧凑(图1-5),适于密植,便于管理,结果早,品质好。

图 1-5 利用矮化砧的梨树

矮化砧木有自根砧和中间砧2种利用方式,自根砧多通过无性繁殖(扦插、分株、压条、组织培养等)的方法培育(图1-6);中间砧就是把矮化砧木嫁接到实生砧木上,然后再在矮化砧木上距

图 1-6 苹果矮化砧木压条繁殖

嫁接口一定的距离（苹果矮化砧段一般要求 25～30 厘米）再嫁接栽培品种。用此方法培育的苗木称为矮化中间砧苗，矮化中间砧苗上实生砧木与栽培品种间的这段砧木叫矮化中间砧段（图 1-7）。

图 1-7　利用矮化中间砧的苹果树

（6）**本砧**（共砧）　用栽培品种的种子播种培育出的砧木，然后嫁接栽培品种，这样的砧木称为本砧或共砧。苹果、梨、桃等用本砧嫁接繁殖的苗木生长表现不一致；对土壤适应能力差，易发生根部病害，耐涝性和抗寒性较差；结果后树势容易衰退，树龄和结果年限短，一般不宜在生产中应用。但西洋梨常用冬香梨、安久梨、巴梨作共砧嫁接，枣、核桃、板栗等也常用本砧作砧木。

（7）**基砧**（或称根砧）　指中间砧苗木基部承受中间砧的、带有根系的砧木。基砧有实生砧木和自根砧木 2 种。实生砧木繁殖容易，根系发达，抗逆性强，但砧木变异较大（无融合生殖实生砧除外）。自根砧木生长整齐，栽培性状稳定，但繁殖系数较低，育苗成本较高。

（8）**形成层**　是枝、干、根上介于木质部和韧皮部之间的一层薄壁细胞（图 1-8），具有活跃的细胞分生能力。经形成层细胞的分裂，向内不断产生木质部，向外产生韧皮部，使茎或根不断加粗。

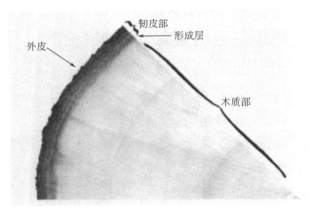

图 1-8　形成层

（9）**愈伤组织**　植物受伤后，由于形成层细胞的分生，产生新生组织，而逐渐把伤口包被起来，这种新生组织叫愈伤组织。嫁接时，由伤口（接口）先产生愈伤组织，然后接穗与砧木再生长在一起（图 1-9）。

图 1-9　愈伤组织

第二节

嫁接的意义

嫁接是植物生产方面的一项重要技术，它既能保持接穗品种的优良性状，又能利用砧木的有利特性，达到早结果，增强抗寒性、抗旱性、抗病虫害的能力，还能充分利用繁殖材料，增加苗木数量。其意义很多，归纳起来，主要有以下几个方面。

一、保存栽培植物的优良性状

很多栽培植物，如苹果、桃、梨、柑橘、荔枝等优良品种，它们的果实大、品质好、产量高，这些优良性状，通常只能用嫁接进行繁殖才能保存下来。如用种子播种，后代在外部形态、生长表现（生长势和物候期）、产量、品质、果实成熟期和抗性等方面常常发生变异，不能保存原来的优良性状，并且良莠不齐（图 1-10～图 1-12）。嫁接能保存植物的优良性状，这在果树生产上已经广泛应用。长期以来，大部分果树一直都用嫁接的方法进行繁殖。

图 1-10　实生山杏个体间花期不一致

图 1-11 实生核桃个体间
果实性状不一致

图 1-12 实生山杏个体间
果实性状不一致

二、增强植物适应环境的能力

树木嫁接所用的砧木，大多采用野生种、半野生种和当地土生土长的种类。这类砧木的适应性很强，能在自然条件很差的情况下正常生长发育。它们一旦被用作砧木，就能使嫁接品种适应不良环境，扩大栽植范围。

在果树方面，利用嫁接法，可以借助砧木提高果树的抗寒、抗旱、耐涝、抗盐碱和抗病虫害的能力。例如将葡萄良种嫁接在抗寒能力强的山葡萄或贝达葡萄砧木上，可以提高良种葡萄的抗寒性，在我国北方地区，冬天只需进行浅埋土就能安全越冬；苹果树用山荆子作砧木可提高抗旱性，而用海棠树作砧木则能比较抗涝和减轻黄叶病；酸枣耐干旱、耐贫瘠，用它作砧木嫁接枣，就增加了枣适应贫瘠山地的能力；枫杨耐水湿，嫁接核桃，就扩大了核桃在水湿地上的栽培范围。由此可见，选择合适的果树砧木，是嫁接过程中不可忽视的重要环节，必须认真、科学地对待。

在经济林方面，毛白杨在内蒙古呼和浩特一带易受冻害，很难在当地栽植，用当地的小叶杨作砧木进行嫁接，就能安全越冬；桑树用野生抗性强的小叶桑作砧木，嫁接果桑及大叶型的优良品种，可获得抗旱、耐贫瘠的大叶桑及果桑品种；桂花用流苏作砧木，可提高抗寒力和耐盐性。

三、提早结果、早实丰产

无论什么树种，用种子繁殖，其后代结果都比较晚。南方的柑橘和北方的苹果，一般要6～8年才能结果；核桃和板栗，多数需要10年才结果。实生播种的果树之所以结果晚，是由于种子发芽后长出的新苗必须生长发育到一定的年龄才能进入开花结果期。

嫁接能使果树提早结果，使材用树种提前成材。嫁接促使树木提早结果的原因，主要是接穗采自已经进入开花结果期的成龄树，这样的接穗嫁接后，一旦愈合和恢复生长，很快就会开花结果（图1-13、图1-14）。例如用种子繁殖板栗，15年以后才能结果，平均每株产栗子1～1.5千克。而嫁接后的板栗，第二年就能开花结果，4年后株产就可达5千克以上。果农中流传的"桃三杏四梨五年，枣树当年就还钱"，就是指嫁接以后提早结果的时间。

图1-13　嫁接的核桃树第三年结果

图 1-14　苹果树高接后第三年开花

　　在材用树种方面，通过嫁接提高了树木的生活力，生长速度加快，从而使树木提前成材。"青杨接白杨，当年长锄扛"就是指嫁接后树木生长加快、提前成材而言。并且嫁接可以使优质林木提前采种，如杉木需要发展种子园，即把全国各地速生高大挺拔的优良单株几种集中起来，使优良单株之间相互授粉结籽，但是把这些高大的树木移栽到一起是很困难的，而用嫁接的技术既能达到这个目的，又能提高获得有优良遗传基因的种子量，发展优良种子园，因而大大提高了采种量。

四、培育新品种

1. 利用"芽变"培育新品种

　　芽变通常是指 1 个芽和由 1 个芽产生的枝条所发生的变异。这种变异是植物芽的分生组织体细胞所发生的突变。芽变常表现出新的优良性状，如高产、品质变好、抗病虫能力增强等等。人们将芽变后的枝条进行嫁接，再加以精心管理，就能培育出新品种。如苹果中的"红星"品种，就是利用"元帅"品种的芽变，经过嫁接选育而成的。它和原品种相比，具有提前着色而且色泽浓红鲜艳的优点。

2. 进行嫁接育种

嫁接育种和嫁接繁殖虽然都要进行嫁接，但二者是两个不同的概念。嫁接繁殖是一个繁殖过程，它是运用嫁接方法，保持原有的优良性状，并增强适应能力和提早收益。因此嫁接繁殖基本不产生变异，不出现新性状。嫁接育种则是一个无性杂交的过程。它也运用嫁接方法，但它是要通过接穗和砧木间的相互影响（即相互"教养"），使接穗或砧木产生变异，从而产生新的优良性状。

要进行嫁接育种，就需要选定杂交组合，选择接穗和砧木。例如选择系统发育历史短、个体发育年轻、性状尚未充分发育、遗传性尚未定型的植物作接穗，选择系统发育历史长、个体发育壮年、性状已充分发育、遗传性已经定型的植物作砧木，嫁接后，保持砧木枝叶，减少接穗枝叶。这样，就有可能使砧木影响（教养）接穗，使接穗产生某种变异。在变异产生之后，再通过进一步培育，就有可能育成一个新品种。

3. 进行无性接近，为有性远缘杂交创造条件

有性远缘杂交常有杂交不孕或杂种不育的情况，如果事先将两个亲本进行嫁接，使双方生理上互相接近，然后再授粉杂交，常能达到成功。例如，苹果枝条嫁接到梨的树冠上，开花后用梨的花粉授粉，获得苹果和梨的属间杂种。如不经过嫁接，便不能受精。

五、改变树形

1. 矮化

目前，国内外丰产果园多采用矮化密植栽培技术，使果树生长矮小紧凑，便于机械化生产，有利于提早丰产和提高果品的质量。利用矮化砧进行嫁接，是促进果树矮化的主要手段。例如，苹果树嫁接在英国东茂林（East Malling）试验站培育的 M 系砧木上，如果用 M_9、M_{26} 作砧木，其树冠只有普通树的 1/4；用 M_7、MM_{106} 作砧木，其树冠为普通树冠的 1/2；甜橙用枳作砧木，嫁接后表现

矮化，结果早，果实品质好；用宜昌橙接先锋橙，嫁接树也明显矮化；用榅桲嫁接梨，可使梨树矮化；欧洲甜樱桃可用山东的莱阳矮樱作为矮化砧木等（图1-15）。

乔化砧苹果树　　　矮化砧苹果树

图 1-15　苹果矮化砧木和乔化砧木的比较

2. 乔化

有些树木可用嫁接法达到乔化的目的，使树木生长高大。例如，月季是丛生的、株形较矮，如果嫁接在一种速生的直立性强的主干上，成为树形月季，更为美丽诱人。

3. 园林造型

园林树种中的垂枝型，也是重要的美化类型。如龙爪槐、垂枝榆、垂枝碧桃、垂枝樱花、垂枝桑和龙爪枣等。这些下垂树种无法增高生长，必须用嫁接法来繁殖发展。如龙爪槐用国槐作砧木，当国槐生长到一定高度后再嫁接龙爪槐，枝条即下垂形成美丽的伞形树冠。在盆景造型上，可利用嫁接技术形成矮小、姿态优美的老桩盆景和栩栩如生的动物造型景观（图1-16）。

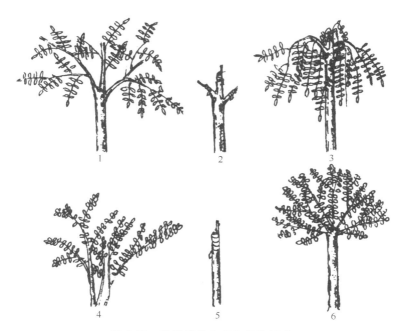

图 1-16　通过嫁接改变和美化树形

1—国槐；2—高接龙爪槐接穗；3—形成垂枝形龙爪槐；

4—冬青卫矛；5—冬青卫矛高接在丝木棉上；6—形成有主干的圆球形

六、高接换头

1. 果树高接换优

很多果园由于在建园时品种选择和搭配不恰当，造成品种混杂零乱，或者品种单一，严重影响授粉和结实。这些情况都会影响果树的产量或品质。随着新品种的不断引进和选育成功，有的果园急需要更新原有的老品种。但是由于果树寿命长，少则十几年，多则上百年才宜更新，如果连根砍掉实在可惜。进行果树高接换头，可以很好地解决这一难题，并且在较短的时间内提高果品产量和质量。这种方法，不仅适合于嫁接繁殖苹果、梨、桃、柑橘、荔枝和龙眼等果树，更适合于核桃、板栗、榛子、香榧和银杏等实生果树，嫁接后可以明显地提高产量和品质，使实生果园实现良种化。由于这些年来，高接换头（图1-17）、多头嫁接在方法上有了很大的改进，可以达到省工省料、成活率高的目的，嫁接后1～2年可恢复树冠并大量结果，给果园带来很高的经济效益。

图 1-17　苹果高接换头

另外，在我国广大农村，特别是山区，有丰富的野生果树资源，可以就地嫁接成经济价值较高的优良品种果树。山桃可以嫁接大桃和李，山杏可嫁接生食杏、仁用杏（大扁）或李，山荆子可以嫁接苹果，海棠可嫁接香果和苹果，杜梨可嫁接梨，中国樱桃、山樱桃可嫁接欧洲甜樱桃（大樱桃），黑枣可嫁接柿，小山楂可嫁接大山楂（红果），枳壳可嫁接柑橘，野板栗可嫁接板栗、黑胡桃，核桃楸可嫁接核桃（胡桃），酸枣可嫁接大枣等。

2. 园林

在园林树种中也可以变劣为优。对于相形见绌的老品种可以进行嫁接改造，提高观赏价值。如樱花、茶花、杜鹃、三角梅、碧桃和牡丹等木本花卉，通过嫁接可培育出花型大、花期长和颜色秀丽的色、香、形皆佳的优良品种，如重瓣、多花型的嵌合体碧桃，就非常招人喜欢。另外，松柏类也可通过嫁接，重点发展那些株形优美、抗性强、颜色奇特的品种。枫树和黄栌可通过嫁接产生叶色更美丽的新品种，从而更显示出大自然的丰富多彩。

七、保护树体

一些名贵的果树或古树的主要枝干或根颈部位，受到病虫危害或兽害后，引起树皮腐烂，如果不及时抢救，就可能造成大树死亡。对此常利用桥接法，使上下树皮重新接通，从而挽救了病树。另外，对于根系受伤或遭病虫、鼠害类危害，导致地上部分衰老的大树和古树，可以在其旁边另栽一棵砧木，把这棵砧木的枝干与衰老的大树或古树接起来，使新根代替衰老的根，从而增强树势，恢复生长和结果能力（图1-18、图1-19）。

图 1-18　桥接

图 1-19　李根接换头

八、快速育苗

嫁接是快速繁殖无性系的主要手段。只要能嫁接成活，一个接穗芽就可以发展成一株良种植株。通过嫁接，就可以发展成很多棵生长和结果习性相同的无性系树木。嫁接和扦插都能快速繁殖无性系。如果已有较大的砧木，则嫁接比扦插繁殖要快，因为嫁接可利用砧木发达的根系，加速生长，而扦插需要接穗自身生根，生长比较缓慢。在急需发展某优良品种时，嫁接法是快速育苗的最好手段。

第三节
嫁接成活的理论基础

一、嫁接成活的原理

多年生树木生长的部位主要有三个：一是根尖，使根伸长，向地下生长；二是茎尖，使枝条伸长，向空中生长；三是形成层（图1-20）。形成层是树皮与木质部之间的一层很薄的细胞组织，这层细胞组织具有很高的生活能力，也是植物生长最活跃的部分。形成层细胞不断地进行分裂，向外形成韧皮部，向内形成木质部引起果树的加粗生长。

嫁接时期在树木的生长季节，接穗和砧木形成层细胞仍然不断地分裂，而且在伤口处能产生创伤激素，刺激形成层细胞加速分

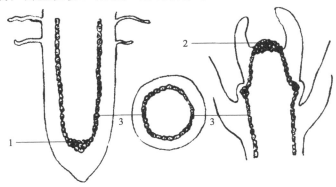

图 1-20　高等植物 3 个生长区域

1—根尖生长点；2—茎尖生长点；3—形成层

裂，形成一团疏松的白色物质。利用显微镜可以看出，这是一团没有分化的球形薄壁细胞团，就是愈伤组织。

→ 专家提示

必须说明，愈伤组织的形成，不仅仅是来源于形成层，韧皮部薄壁细胞和髓射线薄壁细胞，也都可以产生愈伤组织，但是，从数量来看，主要还是从形成层生长出来的。木质部在靠近形成层处，也有一些生活细胞，但稍远离形成层处即没有生活的薄壁细胞，这些细胞不能形成愈伤组织。

观察嫁接伤口的变化，可以看到开始 2～3 天，由于切削表面的细胞被破坏或死亡，因而形成一层薄薄的浅褐色隔膜。嫁接后4～5 天褐色层才逐渐消失。7 天后就能产生少量的愈伤组织。10天后接穗愈伤组织可达到最高数量。但是，如果砧木没有产生愈伤组织相接应，那么接穗所产生的愈伤组织就会因养分耗尽而逐步萎缩死亡。砧木愈伤组织在嫁接 10 天后生长加快。由于根系能不断地供应养分，因此它的愈伤组织的数量要比接穗多得多。

嫁接时，砧木接口存在整个形成层。随后，砧木接口处开始产生愈伤组织（薄壁细胞），并冲破坏死层。当愈伤组织进一步增生，就把接穗固定。在整个愈合过程中，愈伤组织几乎全部是从砧木组织产生，而接穗产生极少。嫁接过程中，双方接触处总会有空隙，但是愈伤组织可以把空隙填满，当砧木愈伤组织和接穗愈伤组织连接后，由于细胞之间有胞间连丝联系，使水分和营养物质可以相互沟通。此后，双方进一步分化出新的形成层，使砧木和接穗之间运输水和营养物质的导管和筛管组织互相连接起来。这样，砧木的根系和接穗的枝芽，便形成了新的整体。

从以上原理看来，无论采用什么方法嫁接，都必须使砧木和接穗形成层互相接触。双方的接触面越大，则接触越紧密，一般来说嫁接的成活率就越高。但是，更重要的是要使双方愈伤组织能大量的形成。因此，嫁接成活的关键是砧木和接穗能否长出足够的愈伤组织，并紧密结合。

二、嫁接的极性

果树的砧木和接穗由于嫁接时候的方向或切削方法等不同而使其本身形成愈伤组织特性有所差异的现象就叫果树嫁接的极性。

1. 垂直极性

砧木和接穗都有形态上的顶端和基端。愈伤组织最初都发生在基端部分，这种特性叫垂直极性。在嫁接时，接穗的形态学基端应该嫁接在砧木的形态学顶端部分，而在根接时，接穗的基端要插入根砧的基端。这种极性关系对砧木和接芽的愈合成活是必要的。若是桥接将接穗接倒了，接芽和砧木也能够愈合并存活，但是接穗不加粗；而芽接将接穗接倒了，接芽也能成活，开始时接芽向下生长，然后新梢长到一定程度后弯过来向上生长，这样从形成层分化出来的导管和筛管呈现扭曲状态。

2. 横向极性

对于一些枝条断面不一致的果树，其愈伤组织在横断面上发生的顺序也是先后有别的，这种特性叫横向极性。比如葡萄的枝条有四个面，即背面、腹面、沟面和平面。愈伤组织形成最快的是茎的腹面，因其腹面组织发达，含营养物质较多。

3. 斜面先端极性

若是将果树的枝条断面削成一个斜面，则在斜面的先端先形成愈伤组织，这种特性叫斜面的先端极性。

第四节

影响嫁接成活的因素

影响嫁接成活有内部条件和外部条件，其内部条件是砧木和接穗亲和力、砧木和接穗的质量，以及伤流、单宁等物质的影响等；外部条件包括温度、湿度、空气、黑暗、嫁接技术等方面。

一、内因

1. 嫁接的亲和力

嫁接后，在适宜的条件下，砧木和接穗双方都能长出愈伤组织。如果从表面上看已经连接起来，但是否嫁接就一定能成活呢？这就要看其是否有亲和力。亲和力，是指砧木和接穗通过嫁接能够愈合生长的能力，它是决定嫁接成活的主要因素。亲和力高，嫁接成活率高；反之，则成活率低。砧木和接穗之间亲和力的大小取决于二者组织结构和生理活动的相似程度，一般情况下亲缘关系越近，相似程度越高，亲和力越强。同一种内的不同品种之间，一般亲和力较强，同属不同种间嫁接亲和力的表现差异较大。例如，苹果嫁接于沙果，梨接于杜梨、秋子梨，柿接于黑枣，核桃接于核桃楸等。实践中也有例外的现象，如西洋梨与不同属的榲桲、山楂甚至花椒都能有一定的亲和力，而日本梨和梨属以外的植物嫁接几乎都不能成活。

根据砧木和接穗的亲和情况，可以将嫁接亲和力的情况分成以下三种类型。

（1）**不亲和** 砧木和接穗亲缘关系太远，双方不能愈合在一起，表现为成活不良或成活后生长发育不正常及出现生理病态等的现象。如愈合不良，接芽不萌发；枝叶簇生，早落叶，过早大量形成花芽，结果畸形及患生理病害，疏导系统连接不良；砧、穗一方异常生长和增殖；接合部木栓化死细胞积聚和淀粉分布失常、组织脆弱易断、推迟型不亲和等。

（2）**亲和** 嫁接亲和是指砧木和接穗在嫁接后能正常愈合、生长和开花结果的现象。在有亲和力的嫁接组合中，有的接后寿命长，而有的寿命短，这说明亲和力有的强有的较差。亲和力较差的常常表现出"大脚"和"小脚"现象（图1-21、图1-22），但接穗部分生长发育基本正常。

图 1-21　苹果 M_{26} 矮化砧的大脚现象

图 1-22　苹果 SH 系矮化砧的小脚现象

（3）后期不亲和　有些嫁接组合虽然愈合良好，接穗生长正常，但经过一段时期或几年就会出现衰退现象，这叫后期不亲和。产生后期不亲和的原因比较复杂，一般从嫁接接口处能表现出来，表现为有的在接合部出现瘤，有的瘤很大，使输导组织连接不通畅，或接合部上下的粗度极不一致，提前开花，生长衰弱，以致死亡。这些现象表现在同科不同属，或同属不同种之间，双方亲缘关系较远的嫁接。

2. 砧木、接穗的质量

由于形成愈伤组织需要一定的养分，因此，嫁接成活率与砧木和接穗的营养状况有关。如果砧木生长旺盛、接穗粗壮充实、接芽饱满、砧穗光合产物积累多，特别是碳水化合物，嫁接成活率高。而砧木管理水平差的、肥水不足、病虫害严重或接穗细弱的，则嫁接成活率低，即使成活，苗木也生长不良。另外，由于接穗（枝梢）存在异质性，一根接穗不同枝段的芽体较饱满充实，嫁接成活率高。接穗的新鲜度也影响成活率，接穗越新鲜，嫁接成活率越高。

夏季嫁接，砧木半木质化、接穗木质化，成活率最高；砧木半木质化，接穗半木质化，成活率也高；而砧木木质化、接穗木质化，成活率较低；若砧木木质化、接穗半木质化，成活率更低。春季嫁接，砧木木质化、接穗木质化成活率高。

3. 伤流、单宁、树胶等物质的影响

（1）**伤流**　有些根压大的树木春季根系开始活动后地上部有伤口的地方容易产生伤流，直到展叶后才停止。如葡萄、核桃树根压强大，落叶起至早春展叶前，枝干若受损，伤口会发生"伤流"。这样，若春季嫁接葡萄或核桃时，接口处有伤流液，就会阻碍砧木和接穗双方的物质交换，抑制接口处细胞的生理活性，降低嫁接成活率。因此，应避免在伤流期嫁接，采用夏季嫁接、秋季芽接或绿枝接；或采取措施减少伤流，在接口以下的砧木近地面处割几个小口，将伤流液从接口处的下部导出，避免伤流对嫁接的影响。

（2）**单宁**　有些树种，如柿、核桃树体的枝和芽内的单宁含量很高，在空气中易氧化形成黑褐色的隔离层，影响嫁接成活。

（3）**树胶** 有些树种，如桃、杏嫁接时，往往因伤口流胶而使得切口面细胞无氧呼吸，妨碍了愈伤组织的产生而降低了嫁接成活率。

二、外因

1. 温度

温度对愈伤组织的生长有显著影响。一般温度在 15℃ 以下时，愈伤组织生长很缓慢；在 15～20℃ 时愈伤组织加快；在 20～30℃ 时，愈伤组织生长最快。愈伤组织生长的最适宜温度，不同的树种间有所差异，杏树愈伤组织生长的最适宜温度在 20℃ 左右；樱桃树、桃树和李树的愈伤组织生长的最适宜温度是 23℃ 左右；梨树、苹果树、山楂树、石榴树愈伤组织生长的最适宜温度在 25℃ 左右；栗子树、核桃树愈伤组织生长的最适宜温度是在 27℃ 左右；柿子树、枣树的愈伤组织在近 30℃ 时生长最快。常绿树种如柑橘、荔枝在 25～30℃ 的温度条件下，其愈伤组织生长最快。所有树种的愈伤组织，在 30～40℃ 时生长受阻，如果温度超过 40℃ 则停止生长。

杏、苹果和枣树的愈伤组织生长量与不同培养温度的关系如图 1-23 所示。从图 1-23 中可以看出，这三种果树的变化趋势基本相似，但起点、终点以及峰值则有所差别。这说明春季嫁接时期，杏应该早一些，枣要晚一些，苹果在它们之间。

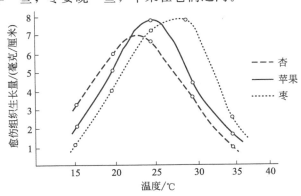

图 1-23　温度与愈伤组织生长的关系

从以上的情况中可以看出一个规律：落叶果树春季芽萌发早的，其愈伤组织生长所需要的温度低一些；芽萌发晚的，其愈伤组织所需要的温度高一些。在北方地区，主要果树芽萌发的次序为樱桃、山杏、山桃、桃、李、海棠、梨、苹果、山楂、栗子、核桃、柿子、枣。所以，北方地区果树春季嫁接的适宜时期，也应和以上所述的果树芽萌发次序相一致。嫁接过早或过晚，都不利于愈伤组织的形成。在果树生长期进行芽接，温度一般是合适的，为了避免高温，以秋季嫁接为最好。嫁接后，要避免接芽部位被太阳光直晒（图 1-24）。

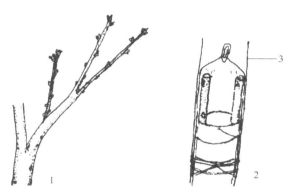

图 1-24　保持适宜温度的方法

1—在砧木芽萌动时嫁接；

2—嫁接后用塑料条捆绑，然后套塑料口袋或用塑料薄膜包扎，上面封口；

3—接口外边再围一张纸，以遮挡阳光照射防止接口温度过高

2. 湿度

湿度（包括土壤湿度和接口湿度）对愈伤组织的形成影响很大（图 1-25），当接口周围干燥时，伤口大量蒸发水分，细胞干枯死亡，不能形成愈伤组织，这往往是嫁接失败的重要原因。

（1）土壤湿度　由图 1-25 可以看出，当土壤绝对含水量在17.5％，即用手能捏成团，松开即散时，愈伤组织生长最多，嫁接越易成活；土壤含水量过多或过少，都影响愈伤组织的生长，从而

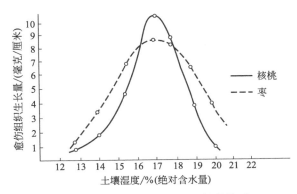

图 1-25　湿度与愈伤组织生长的关系

影响嫁接成活。

（2）**接口湿度**　愈伤组织的生长情况如何，是嫁接成活的关键；而保持适宜的湿度，又是形成愈伤组织的关键。所以，保持伤口湿度实际上是嫁接成活的关键。只有在接口处空气湿润，相对湿度接近饱和的情况下，愈伤组织才能很快形成。

为了保持伤口的湿度，农民以前在春季枝接时主要用埋土法，即用湿润的土壤将嫁接接口堆埋起来。这种方法很费工，土堆不能太小，土壤不能太干。低接时，从苗圃地大量取土很困难；高接时，堆土就更困难。即使嫁接成活，还要扒开土堆，才能使芽长出来。

在华北地区，农民在春季枝接时，常用高接法。先给伤口抹泥，然后在接口处用大型树叶（一般用槲树叶）围成一圈，中间放湿土，来保持接口的湿度。这对提高成活率起到一定的作用，但是，一旦遇到大风干旱天气，接口还会干燥，嫁接成活很不稳定。改进的方法是，对伤口涂抹接蜡。接蜡用蜂蜡、动物油和松香等配制而成，用它涂抹伤口虽然能防止水分蒸发，但是伤口不通气。另外，油性物质在阳光下能融化，并对伤口细胞有杀伤作用。因此，也影响愈伤组织的生长。

近年来，随着塑料薄膜的应用，都用它来包扎接口，能很好地保持湿度，又能将砧木和接穗捆紧，而且操作简便、省工，从而大大提高了嫁接成活率（图1-26）。

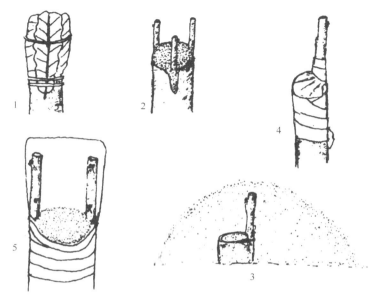

图 1-26　保持接口湿度的不同方法

1—用槲树叶包扎，中间抹泥并放湿土（这种方法较费工，不能长期保持湿度，成活率低）；2—用接蜡涂抹伤口（采用这种方法，接穗容易抽干，嫁接成活率较低）；

3—堆土堆（这种方法最费工，土堆小和土壤较干时，嫁接成活率低）；

4—缠塑料条（这种方法最省工省料，但要结合进行接穗蜡封，嫁接成活率低）；

5—套塑料口袋（嫁接时接口抹泥后套塑料口袋，能保持湿度，嫁接成活率高）

3. 空气

空气是植物生长必不可少的条件，有些树种如核桃和葡萄，春季嫁接时伤口有伤流液，影响通气。因此应采取措施控制伤流液，以保证愈伤组织生长。以前嫁接，用接蜡将伤口封住，以保持水分不蒸发，但妨碍通气，影响嫁接成活率，植物的接口需要的空气量并不多，一般用塑料袋或塑料条捆绑，并不完全隔绝空气，愈伤组织就能正常生长。

4. 黑暗

黑暗虽不是愈伤组织形成的必要条件，但也是影响愈伤组织生长的因素。据观察，愈伤组织在黑暗中生长比在光照下生长要快3倍以上，而且在黑暗中生长的愈伤组织白而嫩，愈合能力强。在光照下生长的愈伤组织易老化，有时还产生绿色组织，愈合能力没有前者好。

为了观察了解黑暗对愈伤组织生长的影响，可进行两种嫁接对比，一种是接口不抹泥，处于光照条件下；另一种是接口抹泥，而后又用塑料袋套起来保持湿度。嫁接半个月后，打开伤口观察，二者愈伤组织的生长情况如图1-27所示。

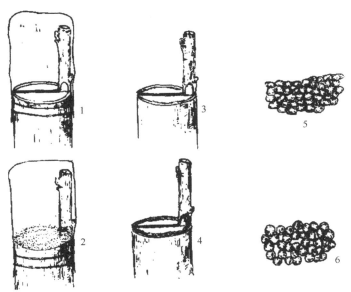

图 1-27　黑暗对愈伤组织生长的影响

1—劈接后只套塑料口袋，嫁接结合处在光照下；2—劈接后抹泥使伤口保持黑暗，
然后又套上塑料口袋；3—15天后，光照下的伤口处形成层长出少量愈伤组织；
4—15天后去泥观察，保持黑暗的伤口处形成层和韧皮部长出大量的愈伤组织；
5—在光照下长出的愈伤组织，细胞配列较紧密，细胞较小，有叶绿素分化；
6—在黑暗下长出的愈伤组织，细胞较大，为圆形，排列疏松，无叶绿素等分化从图 1-27 中可以看出，抹泥保持黑暗条件的伤口，愈伤组织生长快而多；不抹泥处于光照下的伤口，愈伤组织生长慢而少。抹泥不能太湿。如果太湿，泥浆流入伤口，就会影响成活。因此，嫁接时抹伤口必须用较干的泥，或者用湿土也行。

→ **专家提示**

嫁接时，砧木与接穗的愈合主要不在表面。如果嫁接技术较好，接合严密时，双方连接部位一般都能处于黑暗条件之下。比如芽接时，芽片内侧和砧木伤口的外侧是贴紧的；枝接时，接穗插入部分或贴合部分也基本处于黑暗条件下。所以，除了套袋的先抹泥以外，其余用塑料条捆绑的，可以不抹泥。当然，如果在接口涂些湿土再缠塑料条，这样嫁接效果会更好。但是，为了省工，一般可不抹泥或不用湿土。

5. 嫁接技术

嫁接技术是影响成活的重要因素，要求"大、平、准、快、紧"。

（1）**大**　嫁接时必须尽量扩大砧木和接穗之间形成层的接触面，接触面越大，结合就越紧密，成活率就越高。因此，嫁接时接穗削面要适当长些，接芽削取要适当大些，这些都有利于成活。

（2）**平**　接口切削的平滑程度与接穗砧木愈合的快慢关系紧密。若是削面不平滑，隔膜形成较厚，不易愈合。即使稍有愈合，发芽也很晚，生长衰弱。所以要求嫁接工具锋利，嫁接技术娴熟。

（3）**准**　嫁接愈合主要是靠砧木和接穗双方形成层相互连接，所以两者距离越近，愈合越容易。因此，在嫁接时一定要使两者的形成层对准。否则，形成层错位会导致愈合缓慢，愈合不牢固或无法愈合。

（4）**快**　嫁接操作速度要快。无论是什么样的嫁接，削面暴露在空气中的时间越长，削面就越容易氧化变色，影响分生组织的分化，因此其成活率也就越低。尤其是柿、核桃、板栗的枝条和芽体中含有较多的单宁物质，在空气中氧化很快，极易变黑，影响其嫁接成活率。

（5）**紧** 嫁接完后要将接口缠严绑紧。一方面使砧木和接穗形成层紧密连接，防止由于人为碰撞等造成错位；另一方面使接口保湿，有利于愈伤组织的形成。当前生产上常用的塑料条绑缚效果较好。

综上所述，影响嫁接成活的原因很多，它们之间的关系和嫁接过程中的相互影响如图 1-28 所示。

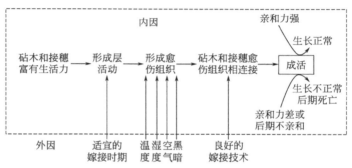

图 1-28　影响嫁接成活诸因素之间的关系

从图 1-28 可看出，从形成层活动，到形成愈伤组织，到砧木和接穗愈伤组织连接，再到嫁接成活，这是内部原因。砧木、接穗富有生活力，并且双方有亲和力，这是嫁接成活的基础。合适的嫁接时期、温度、湿度、空气、黑暗以及良好的嫁接技术是外部原因。内因是基础，外因是条件，外因通过内因而起作用。这个哲学原理同样适合于对嫁接过程的分析。

第二章
嫁接时期及准备工作

本章知识要点：

★ 嫁接时期
★ 嫁接的工具与用品
★ 砧木的培育和嫁接前的处理
★ 接穗的采集与储藏

第一节

嫁接时期

　　林果的嫁接原则上一年四季均可进行，但是在生产上主要以春、夏和秋三季为主，即早春嫁接、夏季嫁接和秋季嫁接。早春嫁接在树体萌芽前进行，夏季嫁接在接穗芽熟化后进行，秋季嫁接在夏末秋初进行。改良品种的嫁接，除葡萄等需用嫩枝嫁接的必须选择在夏季嫁接外，一般树木都可选择在早春嫁接；芽具有早熟性的树木，即一年中有多次发枝特性的可选用秋季嫁接，但要注意幼枝的越冬防寒。一般植株选择早春嫁接改良，更有利于幼枝生长和树冠的形成。

一、春季嫁接

　　树木的春季嫁接一般在 3～4 月砧木开始活动离皮而接穗未萌

发时进行。主要的方法为枝接和带木质部芽接。春季嫁接因砧木、接穗内营养物质含量较高，温度、湿度比较适宜而成活率高，在高接换种、育苗和桥接等方面应用广泛。

　　合适的嫁接时期不是完全以成活为标准的，还有考虑到成活后的生长情况。如果在砧木展叶后嫁接，由于气温高，愈伤组织能很快生长，成活率提高。但是砧木根系的营养在大量展叶及开花时已经消耗，甚至被耗尽。这时仍然可以嫁接成活，但是成活后的接穗生长量大大减少，形成根冠失调，常常不能过冬而死亡（图2-1）。

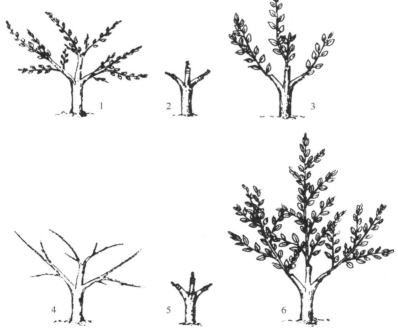

图 2-1　嫁接时期对树木生长的影响

1—嫁接时期在砧木展叶后；2—用展叶砧木进行多头嫁接；
3—嫁接成活后生长量小；4—嫁接时期在砧木展叶之前；
5—用未展叶砧木进行多头嫁接；6—嫁接成活后生长量大

二、夏季嫁接

林果夏季嫁接是在树木抽梢以后进行，嫁接成活后，当年萌发、抽梢，并能安全越冬。夏季嫁接的目的是错开嫁接旺季，合理调配劳力；培育"三当苗"；春季嫁接后进行补接；提高某些品种的嫁接成活率等。多数果树都可进行夏季嫁接。夏季嫁接对砧木或砧树（高接树）削弱树势较重，嫁接植株生长发育较差，没有特殊需要，还是应以春、秋季嫁接为主。

嫁接时期在砧木和采穗母树的新梢达到一定的长度或高度时进行，在自然条件下，春季生长早的桃、杏、李子等可在 5 月上、中旬进行。一般多在 6～7 月进行。

绿枝嫁接是最常用的一类嫁接方法，适合多种树木嫁接。常用接法也很多，如劈接、靠接、切接、舌接、"T"形芽接、方块芽接、嵌芽接、带木质部芽接等。

三、秋季嫁接

一般在 8～9 月砧木和接穗容易离皮时进行。此时砧木和接穗营养物质含量均较高，温度、湿度比较适宜，因而成活率高，一般成活率在 90％以上，在林果育苗中应用广泛。秋季嫁接主要方法为芽接。

第二节

嫁接工具和用品

嫁接时，根据嫁接的方法，选用下列用具。

一、刀类

刀类主要有芽接刀（图 2-2）、劈接刀（图 2-3）、劈刀（图2-4）、镰刀（图 2-5）、双片刀（图 2-6）、剃须刀片（图 2-7）等。

图 2-2　芽接刀

图 2-3　劈接刀

图 2-4　劈刀

图 2-5　镰刀

图 2-6　双片刀

图 2-7　剃须刀片

二、剪锯类

剪锯类主要有剪枝剪（图 2-8）、嫁接专用剪（图 2-9）、手锯（图 2-10）等。

图 2-8　剪枝剪

图 2-9　嫁接专用剪

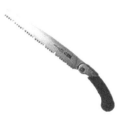

图 2-10　手锯

三、绑扎保湿用材料

绑扎保湿用材料主要有塑料布绑条、黑地膜绑条（图2-11）、白地膜绑条（图2-12）、马莲（图2-13）、塑料袋、麻绳、石蜡、热蜡容器（图2-14）、水瓶（图2-15）、花盆、营养钵等。

图 2-11　黑地膜绑条

图 2-12　白地膜绑条

图 2-13　马莲

图 2-14　热蜡容器

图 2-15　水瓶

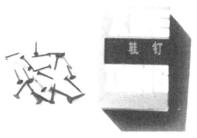

图 2-16　鞋钉

四、其他

主要有鞋钉（图 2-16）、高凳、细磨石、削穗砧（图 2-17）、竹签（图 2-18）、锤子等。

图 2-17　削穗砧

图 2-18　竹签

第三节

砧　木

砧木是林果嫁接的基础，砧木与接穗的亲和力、质量等对嫁接成活、生长结果、树体寿命等均有重要的影响。因此，应该慎重选择砧木，并培育健壮砧木。嫁接用的砧木，要选择生育健壮、根系发达、适应当地环境条件、具有一定抗性（如抗寒、抗旱、抗盐碱、抗病虫能力强）以及与接穗具有较强亲和力的针叶、阔叶树种苗木。

经验推广

优良的砧木选择应注意的条件有：与接穗有良好的亲和力；对接穗的生长、结果有良好的影响，如生长健壮、丰产、品质好、寿命长；对栽培地区的气候、土壤、环境条件适应能力强，如抗旱、抗寒、抗涝、抗盐碱等；对病虫害的抵抗力强；易于大量繁殖；具有特殊需要的特性，如矮化、乔化等。

一、砧木苗的培育

培育砧木苗的方法有实生繁殖和无性繁殖两种。实生繁殖即播种繁殖，应用广泛，主要过程包括种子采集、储藏、层积处理、催芽、播种和砧木苗管理等。无性繁殖主要包括扦插、压条及组织培养等，主要应用于矮化砧木和特殊砧木的培育。

（一）实生繁殖

1. 砧木种子的采集与储运

（1）**采集**　砧木种子必须在经过选择的母树上采集，以保证种子的质量。采种用母树要求品种纯正、生长健壮。根据树体的特点，用适当方法取种。若果实可以食用，可将果实送加工厂综合利用后收集种子。若果实无利用价值，可将鲜果剖开取种；也可将果实堆积，待果实开始腐烂时掏取种子。砧木种子的采收一般应在果实充分成熟时进行，可以提高发芽力，培育壮苗。过早采收，种子未成熟，种胚发育不全，储藏养分不足，生活力弱，发芽率低。

采收后，应将果实堆放在背阴处，厚度不超过 30 厘米，避免伤热影响种子的发芽率。也可将采收的果实放在大缸里沤烂果肉，待果肉腐烂后用温水冲洗，再将洗净的种子摊开放于通风处阴干。

（2）**储藏**　种子阴干后，应该进行精选，清除残存的杂屑和破粒，使得纯度达到 95％以上。经过精选后的种子要妥善储藏。一般小粒种子（如山定子、杜梨等）和大粒种子（如核桃、山杏等）在充分阴干后，放在通风良好、干燥的屋内储藏即可。但是板栗种子怕冻、怕热、怕风干（失水干燥的板栗种子就会失去发芽力），所以，板栗采种后一般多用窖藏或埋于湿沙中。

① **鲜藏**　即种子储存于果实中，播种时才取种。这种方法短时间储藏可以；时间稍长，果实开始腐烂，种子也受影响。

② **干藏**　将阴干的种子装入储存器内存积，这种方法易使种子失去水分，影响发芽力。

③ **沙藏**　沙藏是大多数砧木种子采收后常用的储藏方法，但必须要经过一段时间的后熟过程才能萌发。秋播的种子是在田间自然条件下通过后熟过程的。春播用的种子则必须在播种前进行沙藏

处理，以保证其后熟作用顺利进行，否则发芽率极低或不发芽。在生产上一般多采用冬季露天沟藏或木箱、花盆内沙藏，这是安全可靠的方法。

沙藏的方法是将阴干的种子与含水5%～10%的清洁河沙（以手捏能成团，轻放在地又能散开为宜）在室内分层堆放。先在底部堆沙10～12厘米，上面均匀撒上一层种子，厚1～2厘米，上铺3～4厘米厚的沙，再撒上一层种子。如此一层沙一层种子，高度不超过50厘米，顶上再盖沙10～12厘米，上盖草帘或塑膜保湿即可。以后每隔10～15天检查1次，观察沙子的潮湿情况来决定喷水或吹风晾干，以保持种子不干燥或霉烂。太干则降低发芽率，且再播种后往往多出白苗；太湿则容易腐烂。储藏中注意防鼠害（图2-19）。

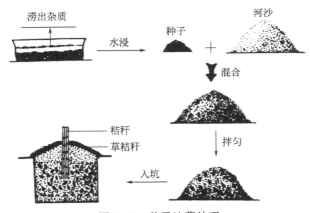

图2-19　种子沙藏处理

在沙藏的后期，要检查1～2次，上下翻动，以便通气散热。如果沙子干燥，应适当洒水增加湿度。若是发现有少量霉烂的种子要立即剔除，并设法降温，以防蔓延。尤其是在早春，由于气温上升，部分种子已经长出幼根，但尚未达到播种适合时期，为控制萌发，必须加冰降温。后熟期的长短依据砧木种类、种子大小和种皮厚薄而有所不同。种子大或种皮厚的则需要时间长，如山楂、桃等，宜冬藏；而种子小、种皮薄的则需要时间短，可以春季沙藏。沙藏前必须了解不同种子后熟期所需要的天数，以便沙藏期和播种期相适应，避免造成种子已经大量发芽而播种期还未到。但是若沙藏过晚，至播种期种子还未萌动，也会影响发芽力。为了适应大面积播种，最好根据播种面积和劳动力情况进行分期沙藏，分期播种。当沙藏种子中有10％～20％露出白芽时播种最佳。

（3）运输 将阴干经检疫的种子拌以适量的木炭粉吸潮，装在钻有小孔的木箱内运输，不能装过满。如用麻袋装时要注意透气，以免发热、发霉失去发芽力。

（4）种子发芽率的测定 购买种子或播种前，必须检查种子发芽力。一般可用下列两种简单的方法。

① 过氧化氢（H_2O_2）鉴定法 用3％过氧化氢溶液滴在种子切面上，凡在子叶切面上发生气泡的，为具有发芽力的种子。以100粒种子进行测定，可以计算出种子发芽的百分率。

② 染色法

a. 靛蓝胭脂红染色 先将种子浸水一昼夜，剥去种皮（因种皮阻止种胚子叶染色）浸于0.1％～0.2％的靛蓝胭脂红溶液中。在室温下，仅需3小时就可看出种子着色程度。凡具有生活力能发芽的种子不会着色，而完全着色或是胚部着色的都是失去生活力的种子。部分子叶着色的表示该着色部分的细胞已经死去。

b. 硝基苯染色 二硝基苯和液态氨能渗入种子内部，染色时不必剥掉种皮。在室温下5小时即可着色，在40～45℃时，1小时就可着色。加氨水以后，种子在10分钟内即能着色，凡着色的种子表示是具有发芽力的种子。

c. 红墨水染色 用5％的红墨水，方法同靛蓝胭脂红。

2. 播种

（1）苗床准备 播种地先深翻，每667平方米施入50～100担（1担＝50千克）底肥，然后翻入土中，碎土耙平，整细开畦。畦宽1～1.5米，沟宽30厘米，深10厘米，畦面整齐，畦四周可比中间略高，以使种子不落入沟内，便于肥水管理。畦面稍加镇压，施水肥，待水肥稍干即可播种。

(2) 播种时间　果实采收后至次年均可播种，温室播种可提前。一般分春播和秋播两种。

① 春播　春季是主要的播种季节，我国大部分地区和大多数树种都适于春播。春季土壤湿润，地温逐渐回升，有利于种子发芽，从播种到幼苗出土的时间较短，可以减少播种地的管理工作和减轻霜冻、鸟兽、病、虫等的危害。

春播要适时早播，在土壤解冻后，即清明至谷雨期间进行，春播种子经沙藏后，萌芽在20%左右时播种最好。早播幼苗出土早而整齐，扎根深，多生长健壮，在炎热的夏季到来以前幼苗根颈处已基本木质化，增强了抗病、抗旱能力。由于延长了苗木生长期，对提高苗木产量和质量有重要作用，但对晚霜比较敏感的树种则不宜播种过早（如刺槐、臭椿、檫树等）。通常南方在1～3月中旬，北方在3月中旬至4月下旬播种。

② 秋播　主要适用于休眠期长的椴树、白蜡等种子或栎类等大粒种子。多数地区都可采用秋播，特别是华北、西北、东北等春季短而干旱且有风沙为害的地区更宜秋播。但是鸟兽危害严重或冬季极度寒冷地区应避免秋播。秋播种子在土壤中通过休眠期，免去了种子催芽和储藏工作，次年春天幼苗出土早而整齐，成苗率高，苗木生长期长，生长健壮。缺点是种子在土壤中存留时间比较长，易遭鸟兽害，含水量高的种子在严冬易遭冻害；有时翌春幼苗出土过早也会遭受晚霜危害。

秋播的具体时间取决于种子休眠期长短和当地气候条件，可在秋末冬初，土壤结冻前（11月）进行。一般以播种后当年秋天种子不发芽为原则，以免幼苗遭受冻害。休眠期长的种子，应适当提前播种。

(3) 播种方法　有条播、点播、撒播等。

① 条播　条播是在苗床上按一定行距将种子均匀地播在播种

沟内。

条播是生产上应用最广泛的一种播种方法，适用于中、小粒种子。由于有一定的行距，苗木受光均匀，通风良好，在苗木生长过程中便于在行间进行土壤管理和苗木抚育和保护等作业，因此苗木生长健壮。虽然单位面积苗木产量较撒播低，但合格苗比例高。此外，用种量小，能节省种子，适于机械操作，节约劳力。

条播的行距与播幅（播种沟的宽度）根据苗木的生长速度、根系特点、留床培育年限长短以及管理水平而定。采用机械作业时，则要与所用机具相适应。通常采用单行条播，行距为 20～25 厘米，播幅 2～5 厘米。为了克服条播产苗量低的缺点，有些生长较缓慢的针叶树种、小粒种子可采用宽幅条播的方法，将播幅加宽到10～15 厘米，可以克服条播和撒播的缺点，并兼有两者的优点。

② 点播　点播按行距开沟后再按株距将单粒种子播在播种沟内。

点播主要适用于银杏、核桃、七叶树等大粒种子。因其成苗率高，在苗木生长过程中不必进行间苗。为了保证每株苗木有大致相同的营养面积，在播种时，种粒间距离应大致相等。少数珍贵树种，由于种子来源稀缺，也常采用点播。

点播的行距与点播距离，应根据树种特性和留床培育年限来决定，点播距离一般 6～15 厘米，行距 20～35 厘米。播种时，种子应横放于播种沟中，且要使发芽孔朝同一方向，这样有利于种子发芽和幼苗出土，并使株距大体保持相等。

条播和点播时，播种沟要开得通直，以便于抚育管理，开沟深度要根据种粒大小而定，不仅要深度适当，而且要一致，以便为种子发芽出土整齐创造良好条件。播种沟开好后应立即播种，以免播种沟内土壤因长时间暴晒而过度干燥。

③ 撒播　将种子全面均匀地撒在苗床上的播种方法称为撒播。

撒播主要用于小粒种子的播种。撒播可以充分利用土地，苗木分布较均匀，单位面积产苗量较高，但往往存在着用种量大、间苗费工、通风透光条件差、苗木易产生分化、抚育管理不便等缺点。

在苗床上进行撒播时，为使播种均匀，播种前可将种子按苗床数等量分开，再依次播在相应苗床上，播时先将80％～90％的种子播下，其余部分作添补用。带绒毛的以及种粒特别细小的如杨、柳、悬铃木等种子，可用适量细沙或泥炭与种子混合后再播，以防种子黏集在一起而撒播不匀。在撒播时不可离床面太高，以免种粒被风吹落床外或造成分布不均。此外，为使种子与土壤接触，在播种前应将苗床表面适当压实，如土壤干燥，播种前适当浇水，使土壤湿润。

播种前将种子用0.1％高锰酸钾浸1小时，或1.5％硫酸镁在35～40℃温水浸种2小时，或1％硫酸铜浸10分钟，然后用清水洗净，可消除种子所带的病菌，有利于发芽和生长。据报道，用浓人尿或5％尿素，或5％硫酸铵＋3％过磷酸钙浸种24小时，可减少柑橘的白化苗。

为提早发芽可人工催芽播种。先用35～40℃温水浸1小时再用冷水浸半天，然后用青苔垫盖或放于垫草的竹箩中并盖草，每天用35～40℃温水均匀淋3～4次，翻动种子1次，1周至10天微露白根即可抢墒播种。

播种时将种子用草木灰拌匀或直接播于苗床上，然后盖上细土或腐熟的细土粪。盖土厚度一般为种子直径的3倍左右，即2～3厘米。过深，土温低，氧气不足，种子发芽困难，出土过程消耗养分过多，出苗晚或出不了苗；播浅种子得不到足够稳定的水分，影响出苗率。一般干燥地区播深些，秋冬比春夏播深，沙壤土比黏土播深。为保持土壤湿度及土面疏松，防大雨冲刷，畦面应该盖一层松软覆盖物，如稻草、麦草、谷壳等。也可盖塑膜保温、保湿。

（4）**播种量** 依据播种方法、种子大小及质量而定。

播种量计算的依据是计划育苗数量、株行距，当地的气候条件和种子质量（包括种子的纯洁度和发芽率），每500克种子的粒数，再加上由于各种原因所造成的缺苗损失。单位面积生产一定数量砧苗的用种量，依据播种方法、种子大小及种子质量而定，以千克/公顷表示。可用下列公式求得。

$$播种量（千克/公顷）=\dfrac{计划成苗数}{每千克种子粒数×种子发芽率（\%）×种子纯净率（\%）}$$

实际播种量应高于计算值，是因为还需考虑播种质量、播种方式、田间管理以及自然灾害等因素造成的损失。

3. 播种后的管理

播后要特别注意土壤的水分管理，表土不要过干，能常喷水或高垄下洇水最好。苗出齐后要及时松土、除草。幼苗密度太大时应间苗，间后的株距约为 10 厘米。并注意防治病虫害。幼苗长到 30 厘米左右时，将下部叶片和萌发的叶腋芽一起抹除，这样有利于嫁接。在嫁接前半个月摘心，增加苗木粗度，有利于嫁接。具体措施如下。

（1）**灌水及揭除盖草**　播种后要保持土壤一定水分，早、晚要进行浇水，浇水次数依据气温和土壤湿度而定。待种子有 1/3 发芽出土时揭去部分盖草，有 2/3 发芽出土时即可全部揭除，并清除畦面杂草。覆盖物的揭除应在阴天或傍晚进行。揭除覆盖物过迟会使幼苗黄化、弯曲。

（2）**间苗移栽**　当幼苗长出 3～5 片真叶时，可进行间苗移栽，过晚则影响幼苗生长。要做到早间苗、晚定苗、分次间苗、合理定苗。为了提高砧木苗的利用率，除了应该拔除过密的病虫苗或生长过弱的苗以外，对仍然不能间出的幼苗进行移栽。在移栽前 2～3 天最好灌水，以利于挖苗保根。阴天或傍晚移栽可以提高成活率。挖苗时要注意少伤根，随挖随栽。栽植时先按行距开沟，灌足底水，趁水抹苗（即将苗贴于沟的一侧），待水渗下后，及时覆土，以后要注意灌水。若有条件的话，最好带土团移栽，这样伤根少、缓苗快。

（3）**施肥、中耕**　幼苗出齐至移栽前，施肥掌握先淡后浓的原则，每半个月施肥 1 次，肥料以腐熟的稀薄人粪尿、腐熟的饼肥水为宜。施肥时注意不能把肥施在叶片上，撒播苗在施肥后浇清水，洗去叶上肥料，否则气温高时引起叶片灼伤。

（4）摘心折梢　如果需要夏季或秋季嫁接，可于苗高 30 厘米左右时摘心或折梢，并除去苗干基部 5～10 厘米处发生的侧枝，以利于苗干的加粗。为了早日达到嫁接标准，还可于生长期喷 50 毫克/千克的赤霉素。

（5）防治病虫害　幼苗在生长季节高温多雨时易患立枯病，在发生第 3～4 真叶前应减少浇水和停止施肥。雨季注意排水，用 40％代森锰 400～500 倍液进行土壤消毒，或喷 500～700 倍的退菌特。幼苗期防地老虎，用青草每 5 千克加敌百虫 0.1 千克作诱饵，傍晚撒在苗附近诱杀。

此外，若嫩籽播种时正值高温期，可搭棚遮阴。

（6）越冬防寒　对于当年秋季不能嫁接的砧木苗或春季枝接的砧木苗，应灌足冻水，以利于越冬和翌春的生长。核桃、板栗等砧木苗，一般加粗生长较慢，播种当年达不到嫁接的粗度，可以齐地面剪断后覆土防寒，也可以压倒埋土、涂抹凡士林加以保护。

4. 砧木苗的移栽

由于直播苗主根长，须根少，幼苗不壮，上山定植后成活率不高，因此以移植一次苗为好。一般待幼苗发生 2～3 片真叶时移栽，也可待 9～10 月时移栽。移栽时应选择阴天或下午 3～4 时移栽。栽前要灌水，移栽时剔除劣病苗、弯苗，并大小分级，可剪短主根。移栽深度与苗田相同。移后应立即浇水。

移栽后要注意灌水，薄施勤施肥。夏梢长到 10 厘米左右应摘心，促使砧木苗加粗生长。生长期间注意抹去主干 20 厘米内的分枝，使养分集中，嫁接部位光滑。

（二）无性繁殖

1. 扦插

在缺乏种子播种时，也可进行扦插繁殖。将枝条剪成 12～15

厘米长，底部剪口稍斜，经过处理后插入苗床，只留 1～2 个芽露出地面，稍稍压紧土壤，浇水，覆盖。插后管理与播种相似。

此外也可秋季先嫁接、春天接芽时扦插。经扦插培育的砧木苗，须根发达，苗木生长势良好。

→ 专家提示

促进插条生根的方法有两种。一是插条下断面加温处理，把插头下部埋在堆有酿热物的温床中，保持土温 20～25℃，待下断面出现愈合组织时露地扦插；二是生长素处理，200 毫克/千克萘乙酸浸插条下部 4 小时，或 100～200 毫克/千克吲哚乙酸浸插条下部 12～24 小时（新鲜人尿含有吲哚乙酸，可浸插条下部 10～12 小时）。

2. 根蘖

有些果树如苹果、山楂、李等易发生根蘖。利用这种特性，经过适当的培养也可以用作砧木苗。除了挖取自然发生的根蘖苗外，也可以有意识地培养根蘖苗。

（1）方法一　在大树树冠投影边缘开沟断根，然后填土平沟，促发根蘖。随后加强土肥水管理，待根蘖达到一定粗度时，就地嫁接，常常可以得到质量较高的苗木。当然，为了保护母树，一年不能断根取苗过多，而且断根取苗的位置每年也要适当地变换方位进行。

（2）方法二　将果园中自然发生的 1～4 年生根蘖苗于早春移栽归圃。对于 1～2 年生苗可不平茬，夏季在 2～3 年生部位芽接；对于 3～4 年生苗可平茬，归圃培育 1 年后于翌春进行枝接。

3. 压条

培土压条繁殖的原理是基于某些树种可以从茎部即从活跃组织中诱发出根系。苹果的矮化砧木和葡萄、核桃等树种常常可以采用此法。生产上常用的主要有直立压条法和水平压条法两种。

（1）**直立压条法**　冬季或早春从母株近地面处剪断，促其发生较多的新梢和根蘖。当新梢长到达 20 厘米以上时，逐渐培土。待枝条下部生根后，当年即可与母株分离而成为独立的砧木苗。直立压条方法培土简单，虽然建圃初期繁殖系数较低，但是以后随着母株年龄的增长，繁殖系数也会相应地大量提高。

（2）**水平压条法**　把母株 2 年生枝条弯曲到地面，待芽萌发后长到 20～30 厘米时，培土到新梢高度的一半处，7 月再培土，生根后切断与母株的联系，将子株分离即可。水平压条法在定植母株的当年即可用来繁殖，而且在母本圃建立的初期，繁殖系数较高。但是在管理上，压条时需要用枝杈等材料，且费工。

二、嫁接前砧木的处理

当砧木茎粗 0.5 厘米以上时，可根据树种的要求进行嫁接。嫁接前主要措施有以下两点。

（1）**除分枝**　春、秋季芽接及春季枝接的，应该去除砧木近地面 10 厘米以内的分枝。

（2）**灌水**　嫁接前 1 周应适量灌水，以保持砧木水分及促进形成层活跃。

第四节

接　穗

一、接穗的采集

嫁接是一种无性繁殖的方式。无性繁殖的主要优点是能保持母本的特性，同时数量能很快发展。但无性繁殖的缺点是，如果工作不慎，便可将病害特别是病毒病一类的病害，通过无性繁殖传染给无性系后代，并且传播很快。因此，在采集接穗时首先要注意加以防止。

1. 严格挑选无病枝条

为了防止病虫害的传播，要选择不带病虫害、健康的、丰产优质的树作为采穗母树。采穗母树经几年观察确定后，需减少其结果量，并严格检查它是否有病症状。如苹果的花叶病、褪绿叶斑病和茎痘病，柑橘的衰退病、黄龙病和裂皮病等，枣的枣疯病等。感染这些病害的枝条，一律不能作接穗。嫁接时要严格挑选。

目前有些地区已经建立了无病毒苗木繁殖体系，由国家农业部和各省、市直接掌握（图2-20）。

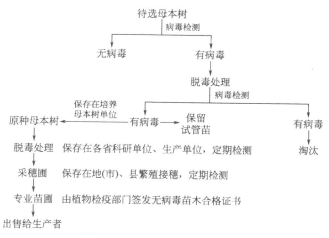

图 2-20　无病毒苗木繁殖体系

无病毒的原种母本树，是通过人工选择，在大量果园中选出的产品质量优良，丰产稳产性和抗性强，生长发育健壮，而且能反映出优良品种特性的成年树，并经过病毒检测确定无病毒的，可直接定为原种树。如果有病毒病或可能存在病毒病的，则要经过热处理或茎尖培养、微体嫁接等手段脱毒，并通过病毒检测，确定无病毒后，才能将它确定为无病毒原种母树。从原种母树上采取接穗、嫁接形成母本树，保存在各省科研单位，同时要定期检测。再从母本树上采取接穗，繁殖建立采穗圃，专门作为采集接穗用。要改变农民家家育苗的分散育苗方式，由专业育苗大户或国营苗圃进行育苗。

2. 选择最佳部位采集接穗

不同部位的枝条，发育年龄不同，而发育年龄又直接影响所接树的开花结果年限。采用外围枝条作为接穗，下部徒长枝或幼树枝条作接穗，由于发育年龄小，嫁接后开花结果晚；采用丰产树上部的枝条进行嫁接，接穗发育年龄大，嫁接后开花结果早；采用带花芽的枝条作接穗，当年就能开花，但一般生长较弱，因而只有特殊需要时才采用。

3. 挑选健壮枝条

接穗健壮与否，是嫁接能否成功的重要因素。嫁接成活的关键，是砧木和接穗双方都能长出愈伤组织，形成愈伤组织的数量愈大，愈容易成活。一般来说，砧木有发达的根系，能长出较多的愈伤组织。而接穗在嫁接愈合之前得不到根系的营养，如果它的生活力差，则不能长出愈伤组织，影响嫁接成活。因此，在采集接穗时，要选用健康、粗壮、生长充实和芽体较饱满的枝条。

采集枝条，一定要在健壮的树上采集，并且最好随采、随接；如果不能做到采后立即嫁接，则必须把接穗储藏起来。对于不同类型的接穗，其愈伤组织生长情况有：粗壮的接穗比细弱接穗愈伤组织生长多；已发芽的接穗，基本上不形成愈伤组织；对于储运过程中接穗已经变质，枝条的外皮已经出现褐色甚至黑色的斑块，这类接穗不能生长愈伤组织，嫁接也不能成活，因此也不能使用。

二、接穗的储藏

接穗可分为休眠期不带叶的接穗和生长期带叶的接穗，对于这两种不同类型的接穗，应采取不同的方法进行储藏。

1. 休眠期接穗的储藏

休眠期接穗处于休眠状态，储藏时间长，一般用冬季修剪时剪下的枝条，按品种捆成小捆，储藏起来。储藏的条件是温度要低（0℃左右），并且保持较高的湿度和适当通气。这样可使枝条在低温下休眠，并且不失掉水分，因而不会降低生活力。休眠期接穗的储藏一般用以下 2 种方法。

（1）**沟藏**　在北墙下阴凉的地方挖沟，一般要在土壤冻结之前挖，沟宽约 1 米、深 1 米，长度可按接穗的数量而定，数量多时则挖长一些。将冬季剪下的接穗捆成小捆，用标签注明品种，埋在沟内，上面用湿沙或疏松潮湿的土埋起来。要注意，不能在埋完接穗后灌水，以免湿度过大、不通气而霉烂。在埋湿沙时，每隔 1 米竖放一小捆高粱秆或玉米秆，其下端通到接穗处，以利于通气，特别是冷空气进入、热空气上升时，使沟内保持较低的温度（图 2-21）。

→ **专家提示**

冬季储藏接穗，常出现的问题是高温。有些地窖或地沟设在背风向阳处，其原因是害怕接穗被冻坏，实际上这样做是错误的，接穗在树上都冻不死，地窖和地沟内的温度都比室外高，高温反而成了制约因素。储藏温度高，所储接穗即从休眠状态进入活动状态，呼吸作用增强，就会消耗养分，引起发芽，严重时皮色变黄、变褐，甚至霉烂。所以必须保持低温，到春季气温开始上升时，接穗仍处于休眠状态，这种接穗嫁接成活率高。远距离邮寄接穗，以冬季天气很冷时为好。在接穗周围填充一些苔藓植物，然后装入塑料口袋内，以保持湿度和通气，最后将口袋放入纸箱或木盒内，进行快件邮寄。收到后，要立即将接穗冷藏起来。

（2）**窖藏**　将接穗存放在低温的地窖中。在地窖中挖沟，将接穗大部或全部埋起来。为了通气，最好用湿沙将接穗大部分埋起来，上部露出土面。如果窖内湿度小，则需把接穗全部埋起来。地窖的温度最好在 0℃左右（图 2-21）。

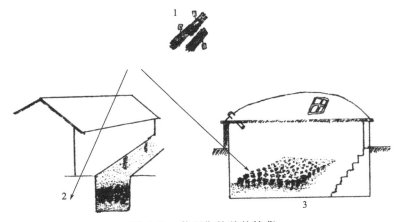

图 2-21　休眠期接穗的储藏

1—按品种捆好接穗，挂上标签；2—沟藏；3—窖藏

2. 生长期接穗的储藏

在生长期采集接穗，最好随采随用。采集时，要选择生长充实、芽比较饱满、无病虫害的发育枝。枝条采下后，要立即把它的叶片剪掉，只留下一小段叶柄，然后用湿布包好，放入塑料口袋中备用。如果接穗当天用不完，储存时可将其放在阴凉的地窖中，或把它放在篮子里，吊在井中的水面上。采用这两种方法储存接穗，一般可保存 2～3 天。

生长期的接穗，一般不宜放入低温冰箱中，因为大气温度在 20℃以上，一旦接穗的温度下降到 5℃以下时，就可能会发生冷害。如果利用空调或冰箱能将温度调到 10～15℃，则储存生长期的接穗最为适宜。如果远距离引种，则要求把接穗放入低温保温瓶中，可以保存 1 周左右。

三、接穗的蜡封

从嫁接到砧木、接穗双方愈合，一般需要半个月的时间。在这半个月内，接穗是离体的，还得不到砧木水分和营养物质的供应，要靠本身的养分来生长愈伤组织。因此，这段时间接穗的保护，特别是保湿十分重要。

为了保证湿度，保护接穗不抽干，以前春季嫁接多用堆土法，或叫埋土法，每接1棵就要堆1个湿度适当的土堆，土堆要大并且要把接穗整个埋起来，接穗萌发后又要扒开土堆，以免影响芽的萌发生长。这些都是非常费工的。同时，大砧木必须用高接法，嫁接时无法堆土，以前群众也曾采用黄泥加大型树叶包扎的方法来保湿，但是成活率不稳定，尤其天气干旱时很难成活。随着塑料工业的发展，采用塑料薄膜包扎伤口，使保湿工作简便了许多，也提高了成活率，但嫁接成活后还要打开口，仍然费工费料。后来在嫁接中试用了蜡封接穗技术，既省工、省料，又不受气候条件的影响，嫁接成活率高而稳定。

1. 蜡封的方法

蜡封就是用石蜡将接穗封闭起来，使接穗表面均匀地分布一层石蜡。这样接穗的水分蒸发就大大减少，但又不影响接穗芽的正常萌发。其方法很简单，将市场销售的工业石蜡切成小块，放入铁锅或铝锅中，加热至熔化。把作接穗用的枝条剪成 10～15 厘米长、顶端保留饱满芽的小段。当石蜡温度达到 100～130℃ 时，手拿接穗，将接穗的一半放入熔化的石蜡中蘸一下，立即拿出来，再将接穗倒过来（掉头），将另一半蘸蜡后立即取出，使整个接穗都蒙上一层均匀、薄而光亮的石蜡（图 2-22）。

蜡封接穗所用的容器及蘸蜡方法，与接穗多少有关。数量少可用易拉罐等小容器；如果接穗多可选择如铁锅等大容器。将剪好的十几根或几十根接穗，放在捞饺子的漏勺中，从熔化的石蜡中一过，即捞起来，这样效率可提高几十倍。要注意接穗不能掉在锅里，所以每次下锅蜡封的接穗不要过多。这种方法的主要优点是减少水分蒸发。而且经实践证明这样的高温蜡液并不会烫坏接穗，不会影响嫁接成活率，对于芽的萌发也不会有什么影响。

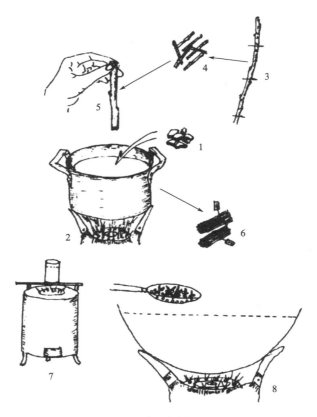

图 2-22　接穗封蜡的过程

1—将工业石蜡或蜂蜡放入锅内；2—将石蜡加热到 100℃ 以上；3—取出冬季储藏的
接穗或刚剪下的休眠枝；4—将接穗剪成嫁接时需要的长度，顶端要保留饱满芽；
5—手拿接穗放入锅中，蘸蜡后很快取出；6—蜡封好的接穗准备嫁接用；
7—少量接穗封蜡；8—大量接穗封蜡

2. 蜡封接穗要注意的几个问题

（1）**不能用蜂蜡代替石蜡**　很多农民有养蜂的技术，蜂蜡在农村很普遍，因此有的农民就用蜂蜡来封接穗，蜂蜡比石蜡熔点低，有人认为可能比石蜡好，可以避免接穗被烫坏。但是其试验结果正相反，所以近几年有些蜡封接穗嫁接失败。这是由于嫁接后遇到高温、太阳强烈照射，蜂蜡很容易熔化，并且能渗到接穗的芽中，会把开始萌动的接穗芽杀死，使芽不能正常萌发，引起嫁接失败，因此不能用蜂蜡代替石蜡。

(2) 不宜用红蜡烛代替石蜡　有些地区购买块状石蜡比较困难，少量接穗蜡封，也可以用蜡烛熔化后进行蜡封接穗，但是一定要用白蜡烛，不能用红蜡烛，因为红蜡烛中加入一些红色素、油脂等物质，在阳光直照、温度高时也容易熔化，渗入芽中，影响接穗芽的正常萌发。

(3) 蜡封接穗时要注意散热　接穗在100℃左右的石蜡中蜡封后，由于时间短，接穗内部没有烫伤，但是表皮外温度很高，如果蜡封的接穗堆放在一起或放在篮子中，热量散不出去，温度高会影响到接穗内部，甚至形成接穗韧皮部的烫伤而影响嫁接成活率。为此对蜡封过的接穗要分散晾开，使接穗表面温度立刻下降，然后放入冷窖内临时存放，几天内完成嫁接为宜。

(4) 蜡封接穗适用休眠枝，不适宜生长枝　春季嫁接时，一般都用上一年生长的1年生枝作接穗，这类冬季休眠的1年生枝，适宜进行蜡封后嫁接。对于生长期嫁接的接穗以及常绿树种的嫁接，接穗都处于生长状态，不宜进行蜡封，因为生长状态下的接穗，在100℃以上的石蜡中容易烫死。为了防止接后抽干，可用塑料薄膜套袋等方法，来保持接穗的水分。

第三章

嫁接方法

本章知识要点：

★ 枝接法

★ 芽接法

第一节

枝 接 法

一、劈接

在砧木上劈一个小口，将接穗插入劈口中称为劈接（图 3-1、图 3-2）。由于不必要在砧木离皮时嫁接，因而嫁接时期可以提早。劈接时砧木接口紧夹接穗，所以嫁接成活后，接穗不容易被风吹断。劈接用的砧木以中等粗度为宜，砧木过粗不易劈开，且劈口夹力太大，易将接穗夹坏；如果砧木过细，则接口夹不紧接穗，也不利于成活。有些老树（如枣树）的木质部纹理不直，不易劈出平直劈口，不适宜采用这种方法。

1. 操作方法

（1）**接穗** 接穗宜先蜡封，留 2～3 个芽。在它的下部相对各削一刀，形成楔形。如果砧木较细，切削接穗时则应使其外侧稍厚

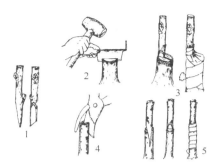

图 3-1 劈接

1—将接穗削成一面长一面短的楔形；2—用刀在砧木中间劈一个劈口；
3—用钎子顶开劈口后插入接穗，使接穗外侧的形成层与砧木形成层相连，之后绑缚；
4—砧木较细时用剪子剪口；5—接穗插入后绑缚

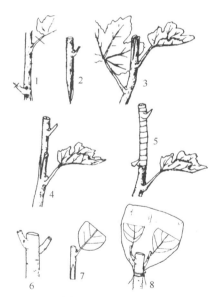

图 3-2 嫩枝劈接

1—用生长充实的新梢作接穗，去叶留叶柄；2—接穗削成楔形；
3—将砧木在与接穗同样粗度的部位截断，中间劈一劈口（砧木叶片不除去）；
4—接穗插入劈口中；5—绑缚，只露出芽和叶柄；
6,7,8—接穗带叶的嫩枝劈接，绑缚后再套上塑料袋，防止阳光直射

第三章 嫁接方法

于内侧。接穗楔形伤口的外侧和砧木形成层相接，内侧不接。如果砧木较粗，则要求楔形左右两边一样厚，以免由于夹力太大而夹伤外侧的接合面。嫩枝劈接要求接穗和砧木粗度相等，以使左右两边都相接。接穗削面长度一般为4～5厘米。削面要长而平，角度要合适，使接口处砧木上下都能和接穗接合。

（2）**砧木** 将砧木在树皮通直无节疤处锯断，用力削平伤口。然后在砧木中间用木槌或木棍将劈刀慢慢往下敲，以形成劈口。对于嫩枝劈接只需用芽接刀从枝条中间劈口。

（3）**接合** 将砧木劈口撬开，然后把接穗插入劈口的一边。这时的关键是要使双方的形成层对准，最好使接穗左右两边外侧的形成层，都能和砧木劈口两边的形成层对准。如果不能两边对准，则一边对准一边靠外，对着砧木韧皮部也可。嫩枝劈接则要求接穗和砧木一样粗，使接穗和砧木前后左右四边的形成层都基本相接。

接合时，不要把接穗的伤口部都插入劈口，而要露白0.5厘米以上，这有利于愈合。如果把接穗伤口全部插入劈口，那么一方面上下形成层对不准，另一方面愈合面在锯口下部形成一个疙瘩，而造成后期愈合不良，影响寿命。对中等或较细的砧木，在其劈口插一个接穗。对砧木粗度较大的，可以在劈口的两边各插1个接穗（图3-3），或把砧木劈两个切口，插4个接穗。最后进行绑扎。

图3-3 较粗砧木插入多个接穗

（4）**绑缚** 对中等或较细的砧木，在其劈口插一个接穗，用宽为砧木直径 1.5 倍、长 40～50 厘米的塑料条进行包扎。要将劈口、伤口及露白处全部包严，并捆紧。如果砧木切口较粗，则可分别在劈口两边插 2 个接穗，插后先抹泥将劈口封堵住，然后套塑料袋并扎紧。接穗芽萌发后，先在袋上剪一个小口通气，待芽长成后再除去塑料袋。对于嫩枝劈接，如葡萄嫁接（图 3-2），劈接后用 1.5 厘米宽的塑料条，将接口捆严扎紧，再将接穗封起来，只露出叶柄和芽，以减少接穗水分蒸发。为了把接穗顶端封严，也可以从上而下包扎接穗和捆绑接口。对于常绿树可用嫩枝劈接，一般接在砧木的嫩梢上，接穗可带叶片或带部分叶片，接后用塑料口袋套上，成活后再打开。

2. 注意事项

采用劈接法时，由于砧木与接穗的韧皮部和木质部都没有分离，因此在形成层处都能形成较多的愈伤组织。但是，形成的面积比较小。所以，嫁接时要求砧木接穗形成层对准，以便使双方的愈伤组织很快相接。在接穗切削上要注意以下几点。

第一，接穗不能削得太薄。从愈伤组织生长量看来，楔形部分过薄时形成愈伤组织少，切削后留得较厚的形成愈伤组织多，有利于成活。

第二，接穗切削后形成的角度，要和砧木劈口的角度相一致，使砧木和接穗形成层生长的愈伤组织从上到下都能连接。如果削面过短，角度大，则接口出现上面夹紧而下边空虚的现象；反之，削面过长，角度小，则下面夹紧而上边空虚。这两种情况都影响双方愈伤组织的连接和愈合。

第三，接穗削面中间留一个芽比较好，因为在芽附近养分较丰富，愈伤组织形成比较多，可使芽两边的愈伤组织和砧木生长的愈伤组织能很快连接，有利于成活。

二、切接

将砧木切一个切口，将接穗插入切口之中，这种嫁接方法叫切接（图 3-4）。切接一般适用于小砧木，是苗圃地春季枝接最常用的一种方法。切接不必要等砧木离皮后才嫁接，所以嫁接可提早，延长了春季嫁接的时期。切接和劈接相似，但比较省工，而且切口偏于一边，有利于接穗和砧木四边的形成层相接，成活率很高。

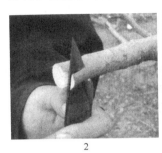

图 3-4　切接

1—削接穗；2—切砧木；3—接合

1. 操作方法

（1）**接穗**　接穗先蜡封，然后上端留 2～3 个芽，下端削一个长约 4 厘米的大斜面，再在背面削一个长 1～2 厘米的小斜面。

（2）**砧木**　将砧木在离地面约 5 厘米处剪断，然后用刀垂直切一切口，切口的宽度大致和接穗的直径相等。当接穗比较粗时，切口靠近砧木的中心；接穗比较细时，切口偏向一边。切口长约 4 厘米。

（3）**接合**　把接穗插入砧木的垂直切口中，大斜面向里，使接穗左右两边都与砧木的形成层对齐。如果技术不熟练，两边形成层不能对上，则一定要对准一边。接穗插入切口时，要求紧实，并露白约 0.5 厘米。

（4）**绑缚**　用长 30～40 厘米、宽 2～3 厘米的塑料条，将接口全部包严并捆紧。

2. 注意事项

由于切口处，木质部和韧皮部不分离，因此形成层形成的愈伤组织比较多，只要砧木和接穗形成层对准，成活率则很高。接穗在砧木切口中要插紧，因为下部砧木和接穗 4 个面的形成层都生长愈伤组织，因此在双方愈合上起很大的作用。

三、插皮接

插皮接是将接穗插入砧木的形成层，即树皮与木质部之间，故叫插皮接，又叫皮下接。它适合于春季枝接，是目前最为常用的一种嫁接方法。嫁接在砧木形成层开始活动，树皮和木质部易于分

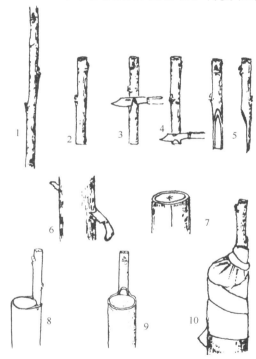

图 3-5　插皮接（接穗背面左右侧不削）

1—选取 1 年生休眠枝；2—取 10 厘米左右做接穗，顶端留饱满芽；
3—削一个长削面；4—在其背面削一短削面；5—削好后的正侧面图；
6—截断砧木；7—在砧木树皮光滑处纵切一刀；8—在砧木纵切口插入接穗；
9—插皮接正面，要适当"露白"；10—绑扎

离，能将接穗插入时进行。一般要求砧木比接穗粗。插皮接切削简单、容易掌握、速度快、成活率高。但嫁接成活后容易被风吹断，因而要及时绑缚支柱。操作方法如下。

（1）**接穗**　接穗以预先进行蜡封为宜。采用插皮接时，接穗的切削方法有以下 3 种。

第一种方法如图 3-5 所示。先将接穗削一个长 4～5 厘米的斜削面。切削时，先将刀横切入木质部约 1/2 处，然后向前斜削至先端，将接穗削尖。接穗插入部分的厚薄，要看砧木的粗细而定。当砧木接口粗时，接穗插入部分厚一些，也就是要少削掉一些；反之，砧木接口细时，接穗插入部分要薄一些。这样可使接穗插入砧木不至于裂口太大，而且接触比较紧密。在选择接穗时，粗砧木要用较粗的接穗，细砧木要用较细的接穗。接穗削面上部留 1～3 个芽。

第二种方法如图 3-6 所示。将接穗先削一个大削面，再在背面两侧各削一个小斜面，然后把它插入砧木形成层处，使树皮两边内侧把接穗的 2 个伤口包住。

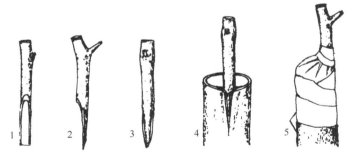

图 3-6　插皮接（接穗背面左右侧削两刀）

1—接穗正面削一个长削面；2—接穗侧面图；3—在接穗背面左右削 2 个小斜面，并将前端削尖；4—在砧木树皮光滑处纵切一刀，插入接穗，使砧木纵切口两边的树皮包住接穗背面两边的切口；5—绑缚

第三种方法如图 3-7 所示。其接穗的切削方法，也是先削一个大斜面，再在背面削一个小斜面，并将先端削尖。与第二种切削方

法相比，前者是削两侧，而后者是削一侧。插入砧木时，只裂开纵口的一边，使砧木树皮内侧和接穗背面的斜面相贴。

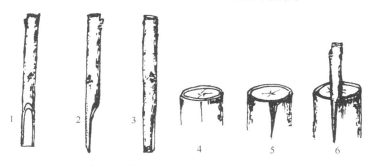

图 3-7　插皮接（接穗背面右侧削一刀）

1—接穗正面削一个长削面；2—接穗侧面图；3—在接穗背面右侧削 1 个小斜面，并将前端削尖；4—在砧木树皮光滑处纵切一刀；5—使砧木纵切口右边树皮离开，左边不离开；6—插入接穗，使砧木右边树皮和接穗右边的伤口贴合

→ 专家提示

第二种切削方法多削两刀，接穗与砧木的接触面更大，很多资料较多地介绍此法。但是，实际上砧木和接穗双方的愈合并不只是取决于接触面的大小，除了形成层的接触外，其他并不起作用。从嫁接成活率来看，第一种方法高于第二种方法。

（2）**砧木**　苗圃地的砧木，应在离地 3～5 厘米处用剪枝剪剪断。若嫁接在根颈部位，则需将土挖开，在茎的基部剪断。对于较细的砧木，由于根颈附近树皮较厚，并且富有弹性，比较容易插入。对于大砧木，需要采用高接法，接口直径以 2～3 厘米为宜。嫁接时，要选择树皮光滑无疤处，将砧木锯断，再用刀削平锯口。

（3）**接合**　接合时，在砧木树皮上选择光滑处纵划一刀，用刀尖将树皮两边适当挑开，然后插入接穗，使双方的形成层相接触。有些操作者在接穗插入前，先用竹签插入，以松开树皮便于接穗插入。其实这是不必要的，相反会使形成层细胞受伤和砧穗接触不紧密，不利于嫁接成活。

在插入接穗时，不要把伤口全部插进去，而应留 0.5 厘米的伤口在接口上面，叫露白。这样可使接穗露白处的愈伤组织和砧木横断面的愈伤组织相连接，保证愈合良好。如果全部插入，嫁接口处会出现疙瘩，影响嫁接树的寿命（图 3-8）。

图 3-8　接穗露白对嫁接成活后接口的影响
1—接穗露白；2—愈合正常；3—接穗完全插入不露白；4—接口形成一个疙瘩

（4）绑缚　用 1 条长 40～50 厘米、宽为砧木直径 1.5 倍的塑料条，将切削口包严，特别要注意将砧木的切口和接穗露白处包严。这样既可防止切削口水分蒸发，又可固定接穗，使接穗和砧木切削口之间紧密相接。在用塑料条包扎时，塑料条的宽度非常重要，如果塑料条太窄，不超过砧木的直径，则伤口处包不严，接口漏风，就会严重影响嫁接的成活。但如果塑料条过宽，则操作不方便，也浪费材料。

四、插皮袋接

嫁接时将接穗插入接口，似装入袋中一样，故叫插皮袋接，又叫袋接（图 3-9）。这种方法适合于大砧木且树皮不易纵裂的树种，如山桃和樱桃砧木等。砧木的接口较大，树皮厚，一个接口可以嫁接 2 个或更多的接穗。嫁接速度快，成活率高，但嫁接成活后接口处容易被风吹折。另外，接口过大，伤口全部愈合比较困难。

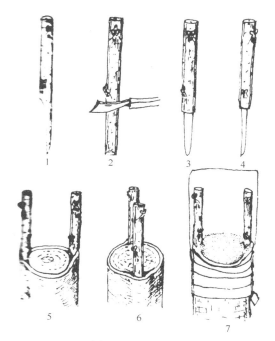

图 3-9　插皮袋接

1—在正面削一个大斜面，反面下部削一个小斜面；2—将背面树皮锯断；
3—剥去树皮剩下木质部；4—剥皮后的侧面图；5—将接穗插入砧木的树皮中；
6—砧木树皮不开裂；7—伤口抹泥后套袋绑缚

1. 操作方法

（1）**接穗**　将接穗削一个大斜面，削去部分约为 1/2。斜面长度为 4～5 厘米，并将插入部分背面的树皮割去，使其只剩木质部。木质部舌长近 4 厘米，尖端削尖。

（2）**砧木**　将砧木在树皮光滑无节疤处锯断，并用镰刀或其他刀具将伤口削平。

（3）**接合**　将接穗下部对准砧木形成层处，慢慢插入木质部与韧皮部之间。要求将接穗的木质部全部插入砧木之中。

（4）**绑缚**　由于用这种嫁接法时，砧木接口比较粗，并且常有

2根以上的接穗，接口处用塑料条很难捆严，因此可用套袋法进行包扎。包扎时，最好在伤口处先抹泥。泥不能太稀，要能将接穗插入处的孔堵住，以保持双方接口处于黑暗的条件下。不抹泥也可以，只是愈伤组织生长慢一些而已。然后将伤口连同接穗用塑料袋套起来，再用细绳将塑料袋捆紧固定。

塑料口袋保湿效果好，但在烈日下温度容易过高。所以采用套塑料袋包扎法嫁接，应避开炎热季节。同时，芽萌发后要分2次把袋口打开。第一次先剪一个小口通气，第二次再全部打开。采用这种方法，接穗可以不蜡封。

2. 注意事项

接穗插入部分不带韧皮部，只有舌状的木质部，木质部外的形成层产生的愈伤组织很少，不利于双方的愈合。但是，由于砧木粗壮，形成层外裂口小，所以在接穗插入部分的愈伤组织生长很快，一般10天后可将插入部分的空隙填满。这样虽然接穗生长的愈伤组织很少，但也能使双方愈合。另外，嫁接时要求接穗去皮后插到底，使之和砧木伤口处形成层相连接，所以砧木接口的横切面能与接穗伤口很快愈合。为了促进愈伤组织生长，给伤口抹泥，使之保持黑暗和湿润，有利于成活。

五、插皮舌接

接穗木质部呈舌状插入砧木树皮中，故叫插皮舌接（图3-10）。此法和袋接不同的是接穗的皮不切除，而是包在砧木皮的外边，砧木要削去老皮，露出嫩皮和接穗皮的内侧接合。采用这种方法时，由于嫁接时不但要求砧木能离皮，而且接穗也要能离皮，所以接穗要现采现接。其嫁接时期，一般安排在接穗芽开始萌动时较合适。操作方法如下。

（1）**接穗**　接穗开始萌动也可以蜡封，但要求蘸蜡速度快一些。切削时，接穗留2～3个芽，下部削一个长约4厘米的大斜面，削去部分约为1/2，使其保留部分的前端薄而尖。然后用拇指及食

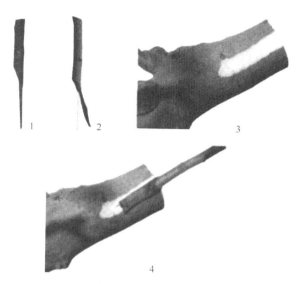

图 3-10　插皮舌接

1—接穗削面侧面；2—拨开接穗皮层；3—削去需嫁接部位砧木的皮；
4—将接穗木质部尖端插入已削去老皮的砧木形成层处，
使接穗的皮在外边和砧木韧皮部伤口贴合

指捏一下接穗削口的两边，使其下端树皮与木质部分离。

（2）**砧木**　将砧木在平滑无节处锯断或剪断，并将伤口削平。在准备插接的部位，从下而上地将老树皮除掉，露出嫩皮，然后在中部纵切一刀。

（3）**接合**　将接穗木质部尖端插入已削去老皮的砧木形成层处，从纵切口处插入，使接穗的皮在外边和砧木韧皮部伤口贴合。这样接穗既和砧木形成层相接，又和砧木韧皮部生活细胞相接。

（4）**绑缚**　用长 40～50 厘米、宽为砧木切口直径 1.5 倍的塑料条捆严捆紧。如果砧木粗壮，插有 2 个以上接穗，则可用塑料口袋套上。但是在套袋之前也必须用塑料条捆绑固定，然后方可套袋。

插皮舌接有以下几个缺点。

第一，砧木树皮被削去老皮，露出嫩皮，韧皮部生活的细胞虽然也能生长出愈伤组织，但是数量远不如形成层产生的愈伤组织多。第二，接穗插入部分树皮木质部分离以后，舌状的木质部外侧很少形成愈伤组织。同时，树皮内侧也很少形成愈伤组织。所以与砧木愈合很困难。第三，砧木被削去老皮后，所留皮层很薄，接穗舌状木质部插入后，薄皮裂开。在开裂处附近很少形成愈伤组织，因此影响双方的愈合。第四，由于接穗要求将皮与木质部分开，所以采穗时期必须在芽即将萌动时。而这个时期很短，很难大面积采用此法进行嫁接。同时，进入生长期的枝条，其养分含量往往没有休眠期的高，所以愈伤组织形成比较少。

事实说明，插皮舌接虽然因嫁接方法比较复杂而使砧木和接穗之间的接触面扩大，但双方的愈合情况并不好，实际效果比较差。

六、去皮贴接

将砧木切去 1 条树皮，在去皮处贴上接穗，这种嫁接方法叫去皮贴接（图 3-11）。去皮贴接通常在砧木接口大，同时接 2 个或 2 个以上接穗的情况下使用。这种嫁接法嫁接速度较慢，但贴合紧密、成活率高。其嫁接时期也需要安排在砧木能离皮的时候。操作方法如下。

（1）**接穗**　接穗保留 2～3 个芽，在下端削一个斜面，斜面长约 4 厘米，开始下刀时探入木质部，然后一直往下削平，削去约 1/2，前端不必削尖。

（2）**砧木**　将砧木在通直无节疤处锯断，再用刀削平伤口。然后在砧木上切去与接穗伤口大小相等的一块树皮，长度约 4 厘米，露出木质部和形成层。砧木上的切口数量，可视砧木粗细而定。中

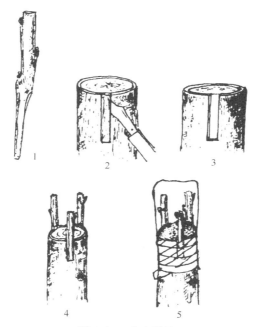

图 3-11　去皮贴接

1—接穗；2—在砧木上削去和接穗伤口大小相等的一块树皮；
3—削去木质部；4—结合；5—绑缚再套上塑料袋

等砧木可切 2 个，较大的砧木可切 3～4 个或 4 个以上。每一个切口接 1 个接穗。

（3）**接合**　将接穗切削面紧贴在砧木已去皮的切口上，并使接穗伤口上方露白 0.5 厘米。

（4）**绑缚**　先用塑料条捆紧，然后在切口处抹泥（也可以不抹泥），再套塑料袋保温、保湿。发芽后，先将袋开一个小孔通气，以后要除掉塑料袋，使新梢生长。

砧木切割 1 条树皮，露出的木质部外侧少量形成愈伤组织，而在木质部与韧皮部之间的形成层处，可很快形成大量愈伤组织，使其左右两侧和下部都与接穗形成层长出的愈伤组织相连接。由于砧木和接穗都没有造成树皮的分离，因此形成层形成的愈伤组织，要比树皮分离时形成的愈伤组织多，砧、穗双方的愈合也比较快。

七、切贴接

切贴接是具有切接和贴接两种接法特点的嫁接方法，适合于苗圃小砧木的春季枝接。它具有嫁接速度快、成活率高的特点（图3-12）。

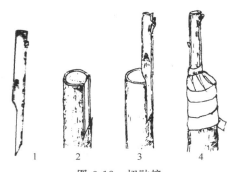

图 3-12　切贴接

1—接穗；2—将砧木从外向里斜切，取下带木质部的树皮；
3—使接穗伤口面和砧木伤口面相贴，下端插紧；4—绑缚

1. 操作方法

（1）接穗　接穗预先蜡封。切削时，上部留2～3个芽，下端削一个大斜面，长4～5厘米，再在背面削一个小斜面，长约1厘米。

（2）砧木　将砧木在离地面约5厘米处剪断，然后用刀在离剪口3厘米处向内向下深切一刀，长约1厘米。再在剪口处垂直向下切一切口，宽度与接穗直径基本相等，使两刀相接，取下一块砧木，露出切面。

（3）接合　将接穗大削面与砧木的切削面相贴，下端插紧，使左右上下砧木和接穗形成层相接。如果不能两边对齐，则必须对准一边。

（4）绑缚　用长40～50厘米、宽为砧木直径1～5倍的塑料条，将伤口捆严，并将砧木与接穗绑紧。

2. 注意事项

由于砧木和接穗的木质部与韧皮部都没有分离，因而在形成层长出的愈伤组织比较多。只要双方形成层对准，则很容易连接和愈合。在伤口下部，上下左右的形成层都能长出愈伤组织，所以一定要插紧，这样就有利于双方的愈合。

八、合接

将砧木和接穗的伤口面合在一起，并将二者捆绑起来，故叫合接（图 3-13）。合接适合于砧木接口小或和接穗同等粗度的情况下嫁接时采用，并且常用于春季枝接。合接的嫁接时期可以提早。它的切削方法比较简单，嫁接速度快，成活率高，接口愈合牢固，成活后不易被风吹折。

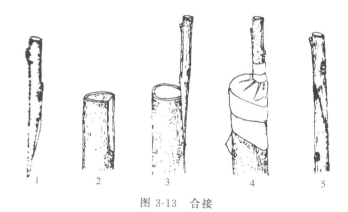

图 3-13　合接

1—在接穗下面削出马耳形斜面；2—砧木选平滑处自下而上削一个斜面，大小和接穗削面相同；3—接穗和砧木伤口接合；4—绑缚；5—对于较细的砧木，嫁接时将砧木和接穗各削相同大小的伤口，合在一起绑缚即可

1. 操作方法

（1）**接穗**　将接穗预先蜡封好，然后在上面留 2～3 个芽，在其下面削一个马耳形的斜面，斜面长 4～5 厘米，占接穗长的 1/2，削面的宽度和砧木斜面基本相同。

（2）**砧木** 将砧木先剪断，然后用刀削一个马耳形的斜面，斜面长 4～5 厘米。宽度和接穗直径相同。

（3）**接合** 将砧木和接穗的削面贴在一起，如果砧木和接穗同样粗，则不露白。如果砧木较粗，接穗较细，则接穗露白约 0.5 厘米。合接时，一般看不清双方形成层的对准情况，只需要外皮接合平整即可，因为较细的砧木和接穗皮的厚度基本相同，外皮对齐时，其形成层也即能吻合。

（4）**绑缚** 用宽约 2 厘米、长 30～40 厘米的塑料条，将砧木和接穗捆紧。

2. 注意事项

在合接时，砧木和接穗往往不能贴得很紧密，这是由于这种方法没有伤及形成层，所以形成愈伤组织很多，可以很快将空隙填满。嫁接成活后塑料条不要过早去除，到新梢生长达 40 厘米以上时再去除。这时双方伤口不会分离，砧、穗共同形成新的木质部和新的韧皮部，使接合部很牢固，不易被风吹折。

九、舌接

舌接和合接相似。但它以舌状伤口相接，故称舌接（图 3-14）。舌接多用于同等粗度的砧木和接穗的室内嫁接。舌接比合接操作复杂一些，但增大了砧穗之间的接触面。

1. 操作方法

（1）**接穗** 先将接穗蜡封，然后在接穗上部留 2～3 个芽，在下端削一个和砧木相同的马耳形斜面，斜面长为 5～6 厘米，再在斜面上端 1/3 处垂直向下切一刀，深约 2 厘米。

（2）**砧木** 先将砧木剪断，然后用刀削一个马耳形的斜面，斜面长 5～6 厘米。在斜面上端 1/3 处，垂直向下切一刀，深约 2 厘米。

（3）**接合** 将砧木和接穗斜面对齐，由上往下使砧木的舌状部

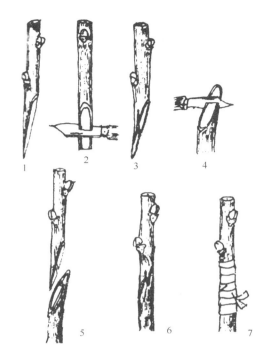

图 3-14　舌接

1—在接穗下面削出马耳形斜面；2—在前端伤口 1/3 处向后纵切 2 厘米；
3—接穗削口形成一个小舌形；4—将粗度与接穗相同的砧木削成
同样的伤口，形成舌形；5—将砧木与接穗伤面面相向插；
6—接穗小舌插入砧木纵切口，砧木小舌插入接穗纵切口；7—绑缚

分插入接穗中，同时接穗的舌状部分插入砧木中，由 1/3 处移动到
1/2 处，使双方削面互相贴合，而双方小舌互相插入，加大了接
触面。

（4）**绑缚**　用宽约 2 厘米、长 30～40 厘米的塑料条，将砧木
和接穗捆紧。

2. 注意事项

在嫁接时，要求砧木、接穗粗细一致，接合时外皮对齐双方形
成层就能对准。由于这种方法形成层之间接触面比较大，形成愈伤

组织后双方也容易愈合。这种方法适合室内嫁接或双方离体嫁接；田间操作比较困难，往往愈合较差。同时，小舌部分愈伤组织形成很少，不如用合接法。

十、靠接

　　嫁接时，砧木和接穗靠在一起相接，故叫靠接。靠接可在休眠期进行，也可在生长期进行。由于砧木和接穗都在不离体的情况下嫁接，都有自己的根系，所以嫁接成活率高。靠接法虽然嫁接比较简单，但是要把砧木和接穗放在一起相当困难，因此常用于一些特殊情况，如挽救垂危树木和盆栽果树等。

1. 砧木与接穗的切削及接合

　　根据砧木和接穗粗细程度的不同，靠接法可分为合靠接、舌靠接和镶嵌靠接 3 种。

　　（1）合靠接　合靠接又叫搭靠接。将砧木和接穗在相对的部位各切削一个伤口，长 3～4 厘米，伤口最宽处约等于接穗的直径，双方伤口大小相等。左手将枝条弯曲，右手切削伤口，使伤口平直。然后将双方伤口合在一起，再用宽约 1 厘米的塑料条把接合部捆紧（图 3-15）。

　　（2）舌靠接　砧木和接穗粗度相等，将双方在合适的部位各削

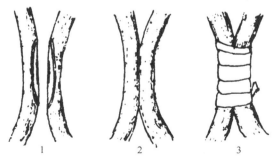

　　　　　　1　　　　　　2　　　　　　3

图 3-15　合靠接

1—将砧木和接穗各削 1 个相同大小的伤口；
2—使双方靠在一起形成层对齐；3—绑缚

一个舌形口，一个从上而下，另一个从下而上，深约 3 厘米，深入到近直径 1/2 处，并把小舌外的树皮剥去一部分（瓜类嫁接时不削）。切削小舌时，左手将枝条弯曲，右手切削，这样便于操作。接合时与舌接一样，二者舌形部分互相插入，然后用宽约 1 厘米的塑料条将接合部捆紧（图 3-16）。

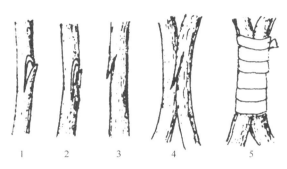

图 3-16　舌靠接

1—将接穗从上而下切 1 个舌形切口；2—削去小舌外树皮；
3—将砧木从下而上切 1 个舌形切口，并削去小舌外树皮；
4—使砧木的小舌插入接穗的切口，接穗的小舌插入砧木的切口；5—绑缚

（3）**镶嵌靠接**　这种方法用于砧木粗、接穗细的条件下的嫁接。先将砧木切一个槽，宽度和接穗直径相同，长 4～5 厘米，将树皮挖去。接穗同合靠接一样，削一个伤口，长约 4 厘米。接合时，将接穗伤口贴入砧木槽内，使之互相镶嵌。然后用宽约 1 厘米的塑料条，将接合部捆紧（图 3-17）。

2. 嫁接后管理

按照以上 3 种靠接树成活后，将砧木从接口上部剪除，接穗从伤口下部剪断。最好分 2 次剪，第一次在接穗伤口下部剪截粗度的 2/3～3/4，保留一部分，使接穗能得到砧木和接穗双方根系吸收的水分和养分。第二次再将接穗与自根剪断。

以上 3 种方法，伤口处都能很好地形成愈伤组织。在操作时，舌靠接最容易掌握，双方愈合也很好，可作为主要的靠接法应用。

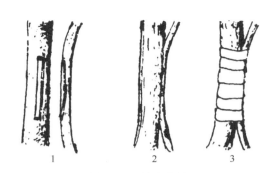

图 3-17　镶嵌靠接

1—将砧木切 1 个槽，接穗削 1 个伤口，使槽的大小和接穗伤口大小一致；
2—将接穗贴入砧木槽内；3—绑缚

十一、腹接

　　将接穗接在砧木中部叫腹接（图 3-18）。通过腹接，可以增加果树内膛的枝量，特别是在高接换种时，由于大树常常内膛空虚，腹接后可增加内膛枝条，达到立体结果。小砧木也可进行腹接，代替其他嫁接法，嫁接时期可以提早，嫁接速度快，成活率高。操作方法如下。

　　（1）接穗　用预先已蜡封的接穗，上端留 3～4 个芽，下端削两个马耳形斜面，一面长一些，约 4 厘米，另一面要短一些，约 3 厘米。苗圃小苗嫁接时，接穗削面可稍短一些。

　　（2）砧木　对于大砧木，在需要补充枝条的部位，从上而下地斜切一刀，深入木质部，刀口长约 4 厘米。对于苗圃地生长的小砧木，则在离地约 5 厘米处，左手拿住砧木，使砧木在切口处弯曲，右手拿刀从上而下斜切一刀，深入木质部近砧中心处，伤口长 3～4 厘米。

　　（3）接合　左手向砧木切口相反方向推动，使斜向切口裂开，右手将接穗插入其中，使之大斜面朝里，接穗一边的形成层和砧木形成层对齐。对于小砧木，如果和接穗的粗度相当，则力争使砧穗

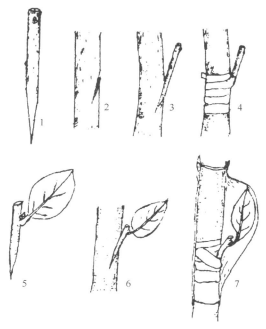

图 3-18　腹接

1—在接穗正面切 1 个大削面，反面切 1 个小削面；2—在砧木中部（腹部）
向下斜切一个伤口；3—将接穗伤口全部插入砧木切口，使其大削面朝上；
4—绑缚；5—带叶接穗的切削；6—砧木和接穗接合；
7—绑缚后再用地膜包上，外边围纸防阳光直晒

左右两边的形成层都对齐。这种方法比劈接速度快，对接穗夹得比较紧。

（4）绑缚　对大砧木进行腹接者，用宽 3～4 厘米、长约 50 厘米的塑料条捆严绑紧伤口，也可以在伤口处涂抹接蜡。对小砧木进行腹接，所用的包扎塑料条，可以窄短一些。包扎时，先在接口上部将砧木剪除，再将伤口连同剪砧口一起包扎起来，并捆紧。

采用腹接法嫁接后，砧木和接穗愈合的情况与劈接相似，但裂口比劈接要小，接后愈合良好。以前苗圃常采用切接法，目前生产上多改用腹接法。腹接后，接穗和砧木前后左右四边的形成层都能

相接，同时砧木能夹紧接穗，使双方愈伤组织容易连接。

十二、皮下腹接

进行皮下腹接时，接穗嫁接在砧木腹部，故皮下腹接是腹接的一种，但接穗和插皮一样，是插在砧木的树皮中，故叫皮下腹接（图3-19）。皮下腹接适宜在大砧木上应用，可填充空间，增加内膛枝条，达到立体开花结果，提高观赏价值和产量的目的。操作方法如下。

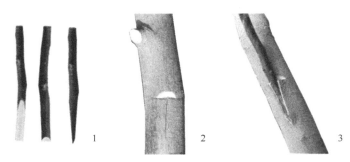

图 3-19　皮下腹接

1—接穗；2—在砧木树皮光滑处切一个"T"字形口，
将上方的树皮剥去一些；3—接穗插入砧木切口

（1）接穗　采用蜡封接穗。最好选用弯曲的枝条，在其弯曲部位外侧削一个马耳形斜面，斜面要长一些，约5厘米。接穗一般留2～3个芽，也可以多留一些，使之嫁接成活后多长内膛枝叶。

（2）砧木　在砧木需要补充枝条的部分，选择树皮光滑无节疤处切一个"T"字形口，在"T"字形口的上面，削一个半圆形的斜坡伤口，以便使接穗顺坡插入树皮内。

（3）接合　将接穗插入"T"字形嫁接口，从上而下地将马耳形伤口全部插入砧木皮内形成层处，不露白。

（4）绑缚　由于砧木较粗，所以包扎时要用较长的塑料条，其宽约4厘米。在包扎时，要把"T"字形口包严。如果接穗插得很紧，也可以不包严"T"形接口，用接蜡将伤口堵住，以便有效地防止水分蒸发和雨水浸入。

由于砧木粗壮，伤口较小，所以砧木接口处愈伤组织生长快而多，能迅速把空隙填满。接穗以用弯曲枝条为好。如果用直立枝条作接穗，一般插入部分有空隙，会影响双方的愈合，也可以用较细软的枝条插入，捆紧后砧穗愈伤组织能很快相接，有利于成活。

十三、锯口接

用手锯将砧木锯出一道或多道锯口，将接穗插入锯口中，故称锯口接（图 3-20）。锯口接适合于对粗大砧木进行春季枝接。由于锯口接不必考虑砧木离皮问题，因而嫁接时期可以提前和延长。采用这种方法嫁接，接穗在接口处不易被风吹折，接合牢固。但此法比较复杂，嫁接速度较慢。

1. 操作方法

（1）**接穗**　选择粗壮的接穗，上面留 3～4 个饱满芽，在其下端采用与劈接法一样的刀法削两刀，使之成楔形。一般可根据砧木裂口的情况来切削接穗，通常是外宽里窄，横断面似三角形或梯形，斜面长 4～5 厘米。

（2）**砧木**　将砧木在合适处锯断，用刀削平。再用小手锯在所需方向斜锯裂口，锯口数量要根据砧木的大小而定，一般可接 3～5 个接穗。即锯 3～5 个裂口，每个裂口左右锯 2 次，用小刀挑出一小块砧木，使之成为宽度小于接穗直径、长为 4～5 厘米的缺口。然后用小刀将锯口左右两边削平，适当加宽，使锯口能插入接穗。

（3）**接合**　将接穗薄边插入砧木的锯口中，使厚边左右两面的形成层和砧木裂口两边的形成层对准。接穗在切削时，应先少削一些。不合适时，还可以再削去一部分，使砧、穗接合紧密。插入时，接穗要露白约 0.5 厘米。

（4）**绑缚**　先用塑料条将砧木和接穗捆紧，然后在锯口处抹泥，再用塑料口袋将锯口和接穗套起来，并捆紧。

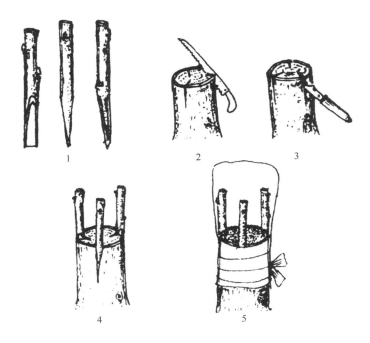

图 3-20　锯口接

1—将接穗削成两个成一定角度的斜面，一边厚一边薄；2—截断砧木，
用手锯在砧木断面处锯出裂口；3—用刀加宽裂口，将伤口削平；
4—插入接穗，使厚的一面在外，并使接穗外侧形成层与砧木形成层相连接；
5—绑缚，伤口抹泥，然后套上塑料袋

2. 注意事项

由于砧木、接穗都比较粗壮，裂口较小，所以形成层处生长愈伤组织快而多，两者容易愈合。关键是接穗插入砧木后不能太松，以免使双方形成层不能密切相接而妨碍愈合。

十四、钻孔接

一些名贵大树、古树或盆景的下部及树冠内枝叶稀少，降低观赏价值或产量，寿命也短。为了解决这些问题，可以采用钻孔嫁接进行补救。前面介绍的腹接法和皮下腹接法，虽然也可以增加内膛枝条，但是对于树皮很厚的大树和古树，嫁接时很难操作。而采用钻孔接，则不但便于操作，而且成活后枝条牢固，可延长树体寿命，起到使古树起死回生的作用。操作方法如下。

（1）**接穗**　接穗采用粗壮充实而不弯曲的发育枝，剪截长度为10 厘米左右，截后要进行蜡封。嫁接时，将下端削成圆锥形，插入砧木的钻孔之中。

（2）**砧木**　在大树缺枝的地方，刮去一些老皮，然后用钻孔机打孔。要选择和接穗粗细相同的钻头，打孔深度为 3～4 厘米，角度大致为 60°，嫁接后能使枝条往外生长扩大树冠。钻孔机有手摇式和电动式 2 种。嫁接数量少的，可以用手摇钻孔机打孔。如果嫁接数量多，则最好使用电动钻孔机，使嫁接速度加快（图 3-21）。

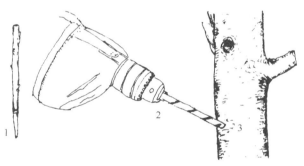

图 3-21　钻孔接
1—将下端削成圆锥形；2—电动钻头；3—在砧木缺枝处钻孔

（3）**接合**　嫁接时要注意的是，接穗与砧木双方形成层应基本对齐。由于在孔内看不清楚，可以大致进行估计。关键是接穗形成层不能进入到砧木木质部中，处在形成层和韧皮部之间都可以。最好的方法是使钻孔的深度和接穗切削的长度配合好。如钻孔深度为4 厘米，估计树皮厚度约 1 厘米，木质部深约 3 厘米，则接穗木质部长以 3 厘米为宜，其圆锥形切削从 3.5 厘米处开始，形成层则在3 厘米处。嫁接时，将接穗插到底，接穗形成层即可与砧木形成层相接。

　　（4）绑缚　接后在孔的外面封上接蜡，或用纱布封上。

第二节

芽 接 法

一、"T"字形芽接

　　嫁接时，在砧木上切"T"字形接口，故称"T"字形芽接，也称"丁"字形芽接。它是植物育苗嫁接中应用最广的一种方法（图3-22）。这种方法操作简易，嫁接速度快，而且成活率高。其砧木一般用1～2年生的树苗。也可以采用此法将接芽接在大砧木当年生的新梢上，或接在1年生枝上。老树皮上不宜采用此法嫁接。"T"字形芽接都在生长期进行，北方地区的最适时期在秋季的8月。

1. 操作方法

　　（1）接穗　接穗可以不带木质部、带木质部或少量带木质部。采用不同的切削方法，可以达到不同的目的。

　　① 不带木质部　一般采用两刀取芽法。一刀是在芽的上端约0.5厘米处横切，宽约接穗粗度的1/2，深度以切到木质部为止；另一刀是从叶柄以下约0.5厘米处开始，由下往上切削，深入木质部，向上削到横切处，然后手拿住叶柄将芽片向右边或左边移动即可取下芽片。木质部留在接穗上。

　　② 带全部木质部　也可以用两刀取芽法。一刀也在芽上端约0.5厘米处横切，要求深入木质部，宽度比第一种窄一些。另一刀也是在叶柄下0.5厘米处自下往上切削，深入木质部，削到横切处，即取下带木质部的芽片。这类取芽一般在接穗形成层不活跃、离皮困难的情况下采用。对于秋季嫁接时期较晚，或接穗经长途运

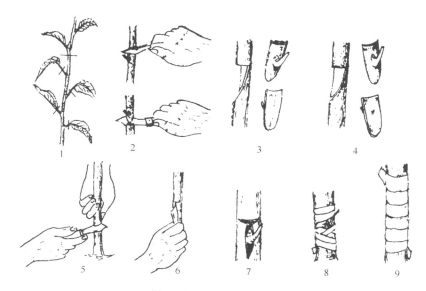

图 3-22 "T"字形芽接

1—将接穗剪去叶片，留下叶柄；2—在接穗芽上约 1 厘米处横切一刀，
在叶柄下边的 1 厘米处，朝上向深处切一刀，切取芽片；3—在横切处切得较深，
取芽片时会带走一些木质部；4—在横切处切得较浅，不深入木质部，
取芽片时不带木质部；5—在砧木基部切"T"字形口；6—用刀尖将砧木
纵切口两边撬开；7—自上而下地插入接穗芽片，使芽片贴入"T"字形口中；
8—绑缚，对于当年要萌发的或伤口易流胶的树种，绑缚时要将接芽和叶柄露出；
9—对于当年不萌发的或伤口不流胶的树种，绑缚时不露接芽，全部包住

输后已不离皮的情况下，取芽片也可带木质部。

③ 少量带木质部　同样是用两刀取芽法，一刀是在芽上端 0.5
厘米处横切，横切时在芽的上端要切得深一些，切断部分木质部；
另一刀在叶柄下 0.5 厘米，深入木质部，由下往上削到横切处为
止。取芽时，左手弯曲枝条使接芽凸起，右手拿住叶柄由上往下取
出芽片，可使芽片中带一些木质部。木质部带的多少和横切的深浅
有关，切得深则带木质部多，切得浅则带木质部少。对于芽隆起的
树种，如核桃、杏和梨等，以稍带木质部为宜，可使芽片和砧木之
间没有较大的空隙。

（2）**砧木**　在砧木离地面4～5厘米处进行嫁接。在砧木上选择光滑无疤的部位，先把叶片除去，然后切一个"T"字形口。先切横刀，宽度约为砧木粗度的1/2。纵刀口从横刀口的中央开始向下切，长约2厘米，在离皮很好的情况下纵切口长1厘米即可，嫁接时自然会向下裂开。入刀深度，以切到木质部为止。

（3）**接合**　左手拿住取下的芽片，右手用刀尖或芽接刀后面的牛角片，将砧木"T"字形切口处两边的树皮撬开，把芽的下端放入切口内，拿住叶柄轻轻往下插，使芽片上边与"T"字形切口的横切口对齐。

（4）**绑缚**　用宽1～1.5厘米、长30厘米的塑料条，由下而上、一圈压一圈地把伤口全部包严。包扎有2种方法。一种是将芽和叶柄都包在里面。这种方法操作快，接后如遇到下雨，雨水进不去，故下大雨也不影响嫁接成活，因此成活率高而稳定。但由于芽无法萌动生长，所以只适合嫁接后当年不萌发的芽接。另一种是常用的露芽和露出叶柄的包扎方法。采用这种方法包扎时，将芽片四周捆紧，使芽露出来，适合于当年萌发的芽接。对于容易发生流胶的果树砧木，如杏和樱桃等，因为胶状物被长期包扎在里边，易引起霉烂，所以也应采用露芽的包扎方法。

→ **专家提示**

　　在嫁接时，芽片内面在芽的部位有一小凸起，在不带木质部芽接时，有人认为是否带小凸起是成活的关键，以为这是芽的生长点。通过观察和试验，证实这块凸起并不是生长点，而是一小段维管束，嫁接时是否带这部分对成活率影响不大。但是当芽隆起、芽片内侧不平时，则不但要带维管束，而且最好要带一点木质部，以减少芽片和砧木形成层之间的空隙，这对嫁接成活是有利的。相反，如果芽片内侧很平，如桃、苹果、月季等，是否带芽片内面的一小点维管束可以不必考虑。其他芽接方法也同样，以免取芽片时过于认真而影响嫁接速度和质量。

2. 注意事项

进行"T"字形芽接，如果芽片不带木质部，则愈伤组织从芽片内侧形成。在嫁接操作时不能擦伤形成层细胞，并且要保持接合部的清洁，只有这样才有利于双方的愈合。另外，在芽片的四周，砧木形成层所产生的愈伤组织比较多，能很快把空隙填满，这对嫁接成活起到了重要的作用。

二、嵌芽接

砧木切口和接穗芽片的大小、形状相同，嫁接时将接穗嵌入砧木中，故叫嵌芽接（图 3-23）。嵌芽接是带木质部芽接的一种重要方法，常于春季和秋后进行。

1. 操作方法

（1）**接穗**　先在接穗芽的下部向下斜切一刀，然后在芽的上部，由上而下地连同木质部往下削到刀口处，两刀口相遇，芽片即可取下。芽片长约 2 厘米，宽度视接穗粗度而定。

（2）**砧木**　对于苗圃地的小砧木，可在离地面约 4 厘米处去叶，然后由上而下地斜切一刀，刀口深入木质部。再在切口上方 2 厘米处，由上而下地连同木质部往下削，一直削到下部刀口处，取下一块砧木。对于大砧木，春季可接在 1 年生枝上，秋季接在当年生枝上，切削方法和小砧木一样。要求接穗芽片大小和砧木上切去的部分基本相等。

（3）**接合**　将接穗的芽片嵌入砧木切口中，下边要插紧，最好使双方接口上下左右的形成层都对齐。

（4）**绑缚**　用宽 1～1.5 厘米、长约 40 厘米的塑料条，自下而上地捆绑好接合部。嫁接当年芽即萌发的，捆绑时必须把芽露出来。对于易流胶的砧木，也应露芽捆绑。如果当年不萌发（如秋后嫁接），则可以把芽片连芽全部包起来。翌年春季芽萌发前，再剪砧并打开塑料条。

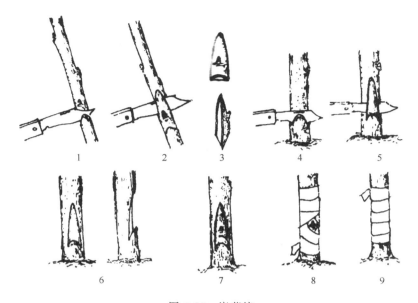

图 3-23　嵌芽接

1—将接穗芽的下部向下斜切一刀；2—在接穗芽的上部由上而下地斜削一刀，
使两刀相遇；3—取下带木质部的芽片；4—在砧木近地处由上而下地斜切一刀，
刀口深入木质部；5—在切口上方约2厘米处，由上而下地再削一刀，深入木质部，
使两刀相遇；6—砧木的切口；7—将接芽放入砧木切口；
8—绑缚，春季嫁接要露出接芽；9—秋季嫁接不要求当年萌发，要将接芽全部包住

2. 注意事项

接穗形成愈伤组织与它的生活力有关，一般芽片切削大一些、厚一些，生活力强。另外，芽片木质化程度高，生活力也强。所以，采用木质化程度高、体积大一些的芽片，有利于愈伤组织的生长及双方愈合，提高成活率。

三、方块芽接

嫁接时所取芽片为方块形，砧木上也相应地切去一片方块形树皮，故称方块芽接（图3-24）。方块接芽不能带木质部，并且一定

要在形成层活跃的生长期进行。这种方法操作比较复杂，一般能用"T"字形芽接的不必用此法。但是方块芽接的芽片较大，与砧木的接触面大，对于一般芽接不易成活的树种，如核桃和柿等比较适宜。同时嫁接后芽容易萌发。

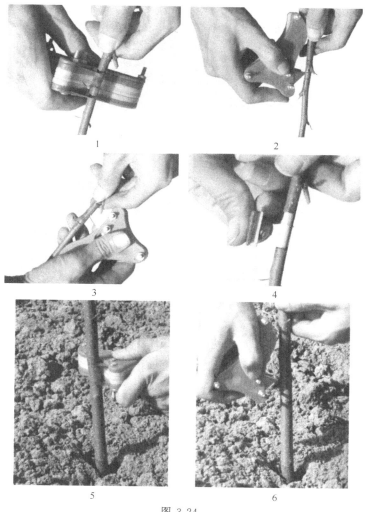

图 3-24

图 3-24　方块芽接

1—用双片刀在接芽上下横切两刀；2—在接穗横切口左侧纵切一刀；
3—在接穗横切口右侧纵切一刀；4—取芽片；5—在砧木光滑处上下横切两刀；
6—砧木横切口左侧纵切一刀；7—砧木横切口右侧纵切一刀；
8—取下砧木树皮；9—将接穗嵌入砧木切口中；10—绑缚

1. 操作方法

（1）**接穗**　嫁接前，先量好砧木和接穗切口的长度，用刀刻上记号。在所选择的芽的左、右、上、下各切一刀，取出长方形芽片。

（2）**砧木** 砧木切削和接穗切削相同，在砧木平滑处上、下、左、右各切一刀，深至木质部，再用刀尖挑去长方形的砧木皮。

（3）**接合** 手拿叶柄，将方块形芽片放入砧木切口中，尽量使芽片上、下、左、右与砧木切口正好闭合。

→ 专家提示

在嫁接时，如果接芽相对小一些，放入时最好使上边对齐，下边可空一些，因为在接口以上砧木留叶的情况下，伤口上部愈伤组织比伤口下部愈伤组织生长快。如果接穗芽片大而放不进去，则可将其修小一点，合适放入。需要注意的是，不能把它硬塞进去，因为接穗芽片损坏后，一般不能成活。

（4）**绑缚** 用宽 1～1.5 厘米、长 20～30 厘米的塑料条，将伤口捆起来，露出芽和叶柄。

2. 注意事项

进行方块芽接，芽片不带木质部，所以接穗愈伤组织生长在芽片内侧的形成层。要求芽片比较厚，操作时不能擦伤芽的内侧，而且要求保持清洁，才有利于愈伤组织的形成。

四、双开门芽接和单开门芽接

嫁接时，将砧木切口两边的树皮撬开，似打开两扇门一样，故叫双开门芽接，因为砧木切口呈"工"字形，故又叫"工"字形芽接。单开门芽接，是只撬开切口一边的树皮（图 3-25）。此法适宜生长期嫁接，用于嫁接比较难活的树种。嫁接成活后，当年即萌发。

1. 操作方法

（1）**接穗** 将砧木和接穗先量好大小，使芽片长度和砧木切口长度相等。将接穗在接芽的四周各刻一刀，取出长度和砧木切口相

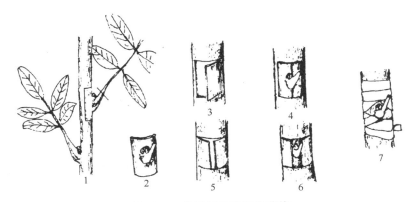

图 3-25　单开门和双开门芽接

1—将接穗除去叶片，在接芽上下左右各切一刀；2—取出芽片；
3—在砧木树皮光滑处上下左 3 面各切一刀，用刀尖从左边将树皮撬开，形成单开门；
4—将接穗芽片从左向右插入切口处，然后将砧木撬起树皮撕去一半，另一半合上；
5—在砧木树皮光滑处上下面各切一刀，中间纵切一刀，用刀尖将两边树皮撬开，
形成双开门；6—将接芽插入砧木树皮开口处，再合上；7—绑缚，露出叶柄和芽

同的方块形芽片。

（2）砧木　砧木横切刀口宽度，要适当超过芽片的宽度。再在中央纵切一刀，使刀口切成"工"字形，深度以切断树皮、少伤木质部为宜。如果是单开门芽接，则在一边纵切一刀，深至木质部，然后将树皮撬开。

（3）接合　将接穗芽片放入砧木切口中。进行双开门芽接的，即把左右两边门关住，盖住接穗芽片，由于芽片隆起故不会盖住芽和叶柄，可使芽和叶柄正好在中央露出。单开门芽接的，要把砧木的门撕去一半，使一半盖住芽片，另一边和接芽伤口对齐。

（4）绑缚　用宽 1～1.5 厘米、长约 30 厘米的塑料条，将开门树皮和芽片捆起来，包扎时要露出芽和叶柄。

2. 注意事项

接穗芽片都不带木质部，芽片内侧所形成的愈伤组织一般比较少。当芽片较厚，并在操作时不伤内侧幼嫩的形成层细胞，形成愈

伤组织可多一些。砧木双开门或单开门处的木质部外侧，可形成较多的愈伤组织与接穗愈合。一般上部伤口形成愈伤组织较多，所以将芽片和接口上面对齐较好。芽片的长度不能超过砧木接口的长度，不能把芽片硬塞进去，以免影响愈合和成活。

五、套芽接

接穗芽片呈圆筒形，嫁接时套在砧木上，故叫套芽接（图 3-26），简称套接。套接在生长旺季进行，一般用于芽接难以成活并且接穗枝条通直、芽不隆起的树种，如柿树的嫁接常用套接。套接法的砧木和接穗形成层接触面大，技术熟练者嫁接速度快，成活率高，接后能很快萌发。

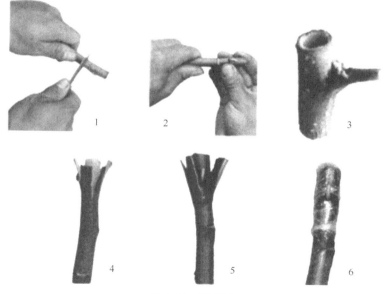

图 3-26 套芽接

1—接穗选择通直的枝条去叶，在芽上方约 1 厘米处剪断，并在叶柄下约 1 厘米处
切割一圈；2—轻轻拧动芽，使筒状芽片与木质部分离，然后自下而上地取出；
3—套状接芽；4—将与接穗粗度相同的砧木在嫁接处剪断，砧木接口处要光滑无分叉，
从顶端撕下树皮；5—将筒状接芽套入砧木；6—将砧木树皮罩住接穗，套袋，绑缚

1. 操作方法

(1) **接穗** 一般选用1年生的枝条作接穗。若枝条上部芽已萌发，则选用下部未萌发的芽作接芽。将接穗在接芽上部1厘米处剪断，再在下部离芽1厘米处横切一圈，将树皮完全切断。切时要注意，如果有一点树皮未切断即会损坏芽片，所以一定要将树皮全部切断。然后拧动接穗，由下而上地取出筒状芽片。在技术不熟练时，可以用一条小的布条缠住芽片再拧，让布条带动芽片。

(2) **砧木** 选择砧木与接穗同等粗度的部位，将砧木剪断，然后把砧木的一圈树皮撕下来，撕皮的长度约3厘米。

(3) **接合** 将筒状芽片由上而下套在砧木上，要求大小合适，如果砧木粗，接穗芽筒细，则套不进去；如果砧木细，接穗芽筒粗，则套进去后太松。为了使二者大小合适，在没有经验时，可先选取接穗，再剪砧木，砧木细时，可以往下剪一段，以达到粗细一致、套上后正好为止。

(4) **绑缚** 嫁接后不必用塑料条包扎，只需要将砧木皮由下往上翻，使其分布在接穗周围，保护接穗，以减少水分蒸发。

2. 注意事项

嫁接时，要注意避免双方形成层过多的摩擦。在比好粗细后往下套一小段即可，不能上下左右旋转摩擦，由于双方形成层细胞都很幼嫩，因此减少损伤是关键。此法双方愈合面最大，在技术熟练时，成活率极高。

六、环状芽接

这种方法类似套芽接。接穗也是取一圈树皮，但是是裂开的，这种方法对于不很通直的接穗取芽比较方便。接穗环状套在砧木中间，故称环状芽接（又称环形芽接）(图3-27)。这种方法操作比较复杂，但是砧、穗间接触面大，适用于嫁接较难成活的树种。

图 3-27　环状芽接

1—在接穗芽的上下各切一圈，从芽的背面纵切一刀，用刀尖撬开，拧动芽片；
2—取出背面纵裂的筒状芽片；3—在砧木平滑处上下各切一刀；
4—剥去砧木树皮（砧木比接穗粗时要留一些树皮）；5—将接芽套入砧木；6—绑缚

1. 操作方法

（1）**接穗**　在接芽的上下相距约 2 厘米处各切一圈，背面纵切一刀，然后剥取环状芽片。

（2）**砧木**　在砧木上选好位置，与接穗相同的长度上下方各切一圈，再纵切一刀，用刀尖撬开并剥下树皮。如砧木粗于接穗，可适当留些树皮。

（3）**接合**　将接穗芽片套在砧木切口上。芽片如果比砧木切口小一些，一般关系不大；如果大于砧木切口，则不能硬塞进去，必须将芽片再切去一部分，然后再套上。

（4）**绑缚**　用宽 1～1.5 厘米、长约 30 厘米的塑料条，将嫁接伤口捆严绑紧。包扎时，要避免接芽来回转动。

2. 注意事项

环状芽接和套接相似，但需要用塑料条捆绑。在捆绑的过程中，要注意不能使芽片左右转动，以免损伤形成层，影响愈伤组织生长。芽片以与砧木切口上面对齐为好，芽片下空一点没有关系。芽片不能大于砧木切口，若勉强将其挤进去，则会严重影响成活。

七、单芽切接

单芽切接与枝接中的切接相似。但是所接的接穗不是枝条，而是单芽，故称单芽切接（图3-28）。有的也用切贴接的方法来接单芽，这是接在砧木顶端的春季芽接。由于有顶端优势，一般萌芽生长较快。常绿树如柑橘、阳桃和油茶等，嫁接时常用这种方法。

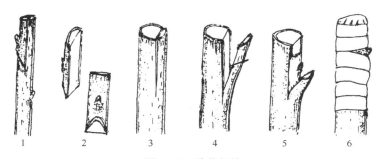

图 3-28 单芽切接

1—接穗切取带木质部芽片；2—芽片；3—短截砧木，切一个宽度与
接穗芽片相似的切口；4—将砧木去掉一部分；
5—将接芽插入砧木切口处；6—绑缚

1. 操作方法

（1）**接穗** 将接穗在接芽上方约1厘米处剪断，再在芽的下方1厘米处往下深切一刀，深度达接穗的1/2，然后再从剪口断面直径处往下纵切一刀，使两个刀口相接，取下芽片。

（2）**砧木** 砧木一般用小砧木，也可以用大砧木，接在小的分枝上。嫁接时，先将砧木在接口处剪断，然后切削。切削有2种方法：一种是在横断面一边纵切一刀，切口宽度和接穗直径基本相同；另一种是在剪口下2～3厘米处，向下深切一刀，长约1厘米，再在切口纵切一刀，宽度和接穗直径基本相同，两刀相接可取下一块砧木，露出伤口面。

（3）**接合** 将接穗插入砧木的切口中。由于其下端呈楔形，因而可以插得很牢，使左右两边形成层都对上。如果操作者的嫁接技术较差，不能使两边都对上，则对准一边也可以。砧木用第一种方法切削时，应保留外皮，用第二种方法切削时，不保留外皮，包扎更方便。

（4）**绑缚**　用宽约 1.5 厘米、长 40 厘米的塑料条捆绑接合部。上部的砧木伤口也要捆严，但要露出接芽。如果砧木较粗，接口可套一个塑料袋或用地膜套上并捆紧。

2. 注意事项

在嫁接时，芽片要适当大一些、厚一些。含养分多，形成愈伤组织也多，容易成活。

八、芽片贴接

将砧木切去一块树皮，在去皮处贴上相同大小的芽片，这种嫁接方法叫芽片贴接法（图 3-29）。芽片贴接法在南方常绿树种的嫁接中经常采用。嫁接在生长季砧木和接穗容易离皮时进行。芽片贴接具有"T"字形芽接和方块芽接的特点，嫁接速度较"T"字形芽接慢，比方块芽接快，成活率高，嫁接成活后接芽容易萌发。

1. 操作方法

（1）**接穗**　在接穗上取中部芽片，削取长 2～2.5 厘米、宽 0.6 厘米的不带木质部的芽片，芽片呈长舌形。取芽片时，将其木

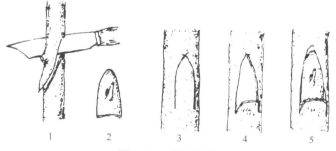

图 3-29　芽片贴接

1—削取芽片；2—芽片；3—在砧木上削一个舌状切口；

4—剥去砧木树皮，留下小半段；5—将接芽贴入砧木切口处

质部留在接穗枝条上。其切口大小与砧木切口相等或略小于砧木切口。

（2）**砧木**　一般用1年生砧木，在离地面10～20厘米的光滑处，擦干净茎干表皮，用刀尖自下而上地划两条平行的切口，宽0.6～0.8厘米、长约3厘米，深达木质部。再用刀切两刀，使切口上部交叉，连接成舌状。随后，从上向下将皮层挑起，切下上半段大部分皮，留下小半段，以便可夹放芽片。

（3）**接合**　将接穗的盾状芽片贴入砧木切口，并插入切口下部砧木的树皮中。切口下保留一小块树皮，在嫁接时很有用。它可以使接芽不掉下来，并对接芽起到保护作用。并可使操作者空出手来进行包扎，提高包扎的质量。在嫁接时，要求接芽的大小和砧木切口基本相等或略小于砧木切口。绝不能让芽片大于切口，而硬将其塞进接口去。

2. 注意事项

砧木切除一块树皮后，其木质部外侧能形成愈伤组织。所以要求嫁接时不要擦伤木质部外的形成层细胞。

九、补片芽接

补片芽接又称贴片芽接，或芽片腹接法。在南方地区常绿树的嫁接中常用这种方法，在嫁接没有成活时也常用此法进行补接，故称补片芽接法（图3-30）。它具有节省接穗、成活容易、嫁接方法便于掌握等优点。其嫁接方法和方块形芽接相似，但其芽片呈长方形，同时砧木切口下半部保留树皮包住接芽。

1. 操作方法

（1）**接穗**　用刀在接穗芽上方约1.5厘米处，将芽稍带木质部削脱，长约3厘米，小心地剥去木质部，使之成为芽眼在中部、大小比砧木接口略小的长方形芽片。

（2）**砧木**　嫁接时砧木不剪顶部，在砧木主干离地面10～20

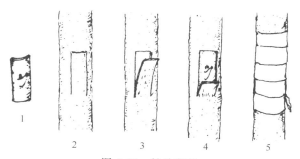

图 3-30　补片芽接

1—削取芽片；2—在砧木上削一个和接穗芽片大小相似的长方形切口；
3—撕开砧木树皮；4—砧皮切去 2/3，插入芽片；5—绑缚

厘米平直光滑处，自下而上地直切两刀，深度仅达木质部，长约3 厘米，宽度视接穗、砧木粗度而定。再在顶端横切一刀，形成长方形接口，挑开皮层，并向下拉开，然后切去 2/3（也可用剪刀剪去）。

（3）**接合**　拿住叶柄，将芽片安放在砧木切口的中央，下端插入留下的砧木皮内，使芽片与砧木接口顶端及两侧有些空隙。

（4）**绑缚**　用宽约 1.5 厘米的塑料条，自下而上地进行捆绑和密封，使芽片紧贴砧木，并防止雨水浸入。

2. 注意事项

当芽片过嫩时，形成的愈伤组织极少；当芽片比较厚时，其内侧形成愈伤组织较多。故接穗宜采用粗壮枝，取中部枝为好。接穗芽片内侧的愈伤组织和砧木愈伤组织相接合，能促进接芽萌发。

十、单芽腹接

这种嫁接方法是切取一个带木质部的单芽，嫁接在树干的腹部，故叫单芽腹接（图 3-31）。单芽腹接节省接穗，也不必蜡封，嫁接方法比较简单，成活率较高，能补充大树的枝条。在常绿树种多头嫁接时经常采用。操作方法所述。

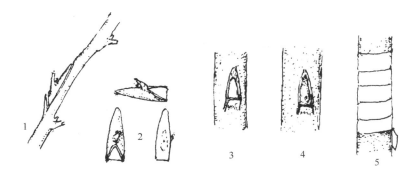

图 3-31　单芽腹接

1—削取芽片；2—芽片；3—自上而下地斜向纵切，
将切开的树皮切去约 1/2；4—插入芽片；5—绑缚

（1）**接穗**　可用两刀切削法切削接穗。操作时，反向拿接穗，选好要用的芽，第一刀在叶柄下方斜向纵切，深入木质部。第二刀在芽上方 1 厘米处斜向纵切，深入木质部并向前切削，两刀相交，取下带木质部的盾形芽片。

（2）**砧木**　在砧木枝条中下部的合适部位，自上而下地斜向纵切，从表皮到皮层一直到木质部表面，向下切入约 3 厘米，再将切开的树皮切去约 1/2。

（3）**接合**　将芽片插入砧木切口中，使下边插入保留的树皮中，使树皮包住接穗芽片的下伤口，但要露出接穗的芽。要将芽片放入切口的中间，使接穗的形成层和砧木的形成层相接。如果切削技术熟练，可以使接穗四周的形成层和砧木切口四周的形成层都能基本相接。

（4）**绑缚**　用塑料条进行全封闭捆绑。如果砧木较粗，所用的塑料条也必须宽一些，以便捆紧绑严。

第四章
嫁接后的管理要点

本章知识要点：

★ 嫁接后及时检查成活、除绑缚
★ 除萌蘖
★ 立支柱
★ 土肥水管理和病虫害防治

嫁接后管理是果树苗木嫁接中一项十分重要的工作，其管理水平的高低直接影响到嫁接苗木的成活率与正常发育。因为嫁接并不是目的，只有通过嫁接来发展良种，并能提高抗性，改良品质，加速生长，提早开花、结果，或能达到园林育种等方面的特殊要求，这才是嫁接的目的。如果管理不善或不及时，那么即使嫁接成活了，最后也会前功尽弃，甚至毁坏了砧木而得不偿失。对一般树木的嫁接后管理，提出以下几点建议。

一、成活检查

嫁接苗木成活情况的检查时间因具体的嫁接方法而略有不同。对于枝接、根接的嫁接苗通常在接后 20～30 天便可检查其成活情况。若接穗上的芽已萌动，或虽未萌动但芽仍保持新鲜、饱满，接口已有愈合趋势，则说明嫁接苗木成活；反之，若接穗干枯，开始变黄变黑，则说明接穗已死亡，嫁接失败。芽嫁接苗一般在接后

7～15天即可检查成活情况。若接芽上表面湿润，鲜绿且有光泽，叶柄用手指轻触即掉，则说明果树苗木已成活（如图4-1）；若接芽表面干枯，叶柄出现皱缩，触碰不落，则说明未成功接活。对于未成活的嫁接苗木，需在砧木尚能离皮时，及时进行补接，过迟则会影响成活。如枣树苗在生长季芽接后可在10天左右检查成活情况，苹果苗芽接后可15天左右检查其成活，春季梨树苗枝接后可在20天左右检查其成活情况。

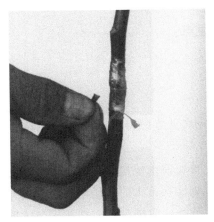

图 4-1　轻触叶柄脱落即为成活

二、解捆绑

　　以前嫁接多采用麻皮、马蔺叶等捆绑。这些捆绑物容易腐烂，不必要解掉。但是现在嫁接大多使用塑料条捆绑。塑料条和塑料袋能保持湿度和温度，有弹性，绑得紧，其缺点是经过一段时间后，会影响接穗和砧木的生长。因为塑料不会腐烂，所以必须解除这类捆绑物（图4-2、图4-3）。

　　芽接如果是在秋季进行的，则接后先不解绑，因为在冬季塑料条对接芽有保护作用。到翌年春季，在接芽上剪砧后，再把塑料条解除，芽才能很好地萌发和生长。春季嫁接成活后，不要过早解除

图 4-2　塑料条缢进接穗

图 4-3　砧木过粗的先放松些，
成活后再解除

捆绑物，一般要使接穗生长到 50 厘米左右，并且明显加粗时，由于塑料条会影响加粗生长，这时就必须逐渐解开塑料条，以免因接口生长不牢固而使接穗苗被折断。

有些嫁接方法，接口在土中，则最好用马蔺、麻皮和葛藤等作嫁接捆绑物。这些植物纤维易腐烂，可自然松绑。如果用塑料条捆绑，则应在成活后扒开土，用剃须刀将其割断，然后再埋好土。

三、除萌蘖

嫁接成活及剪砧后，砧木会长出许多萌蘖。为了保证嫁接成活后新梢迅速生长，不致使萌蘖消耗大量养分，应该及时地把萌蘖除去。幼苗芽接剪砧后，在砧木基部会长出很多萌蘖，有的是从地下部分生长出来的。这些萌蘖都比嫁接芽生长快，必须除去。对于高接换种的砧木来说，由于砧木大，嫁接后树体上的大部分隐芽都能萌发。如果不及时除去萌蘖，砧木萌蘖生长快，而接穗生长缓慢，由于竞争不过砧木萌蘖，就会逐渐停止生长然后死亡（图 4-4）。因此，必须及时除去砧木的萌蘖。

萌蘖

接芽新梢

图 4-4　除萌晚影响枝芽生长

除萌蘖工作一般要进行 3～4 次。由于砧木上的主芽、侧芽、隐芽和不定芽，都能不断地萌发生长，因此清除 1 次是不够的，必须随时把萌蘖除去。等到接穗生长旺盛时，萌蘖才能停止生长。

大树高接时，为了防止内膛空虚，砧木也可以保留一定的叶面积，使地上和地下部分保持平衡。但必须在树体的中下部，在接穗附近不能留。对生长出来的砧木萌条，先去顶端优势，同时要及时摘心加以控制，以减少对接穗生长的不利影响。对内膛的萌蘖，一般在冬剪时全部剪除，也可以用在秋季进行芽接，或在翌年春季进行枝接，以增加内膛的枝条。

四、立支柱

嫁接成活后，由于砧木根系发达，接穗的新梢生长很快。这时，接合处一般并不牢固，很容易被大风吹折。接合处的牢固程度和嫁接方法有关。在春季枝接中，采用插皮接、贴接、袋接和插皮舌接等方法进行嫁接，接穗生长后，容易被风吹折，而采用劈接、合接和切接等方法进行嫁接，接穗接活后，则不容易被风吹折。所以在风大的地区，要采用接穗不容易被风吹折的方法进行嫁接。另外，多头高接时接头要多，可缓和生长势，减少风害。

　　为了防止风害，要立支柱，把新梢绑在支柱上。一般当新梢生长到 30 厘米以上后，结合松解塑料条，应在砧木的每个接穗处绑1～2 根支柱（图 4-5）。芽接的可在砧木旁边土中插 1 根支柱，并将其下端绑在砧木上，然后把新梢绑在支柱上（图 4-6）。绑时要注意不能太紧或太松，太紧会勒伤枝条，太松则起不到固定作用。大树嫁接后生长量大，容易遭风害，因此所立的支柱要长一些，一般长度为 1.5 米。支柱下端牢牢地固定在接口下部的砧木上，上端每隔 20～30 厘米，用塑料条固定新梢。因此，固定新梢的工作要进行 2～3 次。随着新梢的生长，一道又一道地往上捆绑，以确保即使 7～8 级大风也不能将接穗吹断。采用腹接法及皮下腹接法，一般不必再绑支柱，可以把新梢固定在上面的砧木上。立支柱来固定接穗生长出的枝梢，是一项非常重要的工作，很多地方嫁接成活率很高，但是嫁接保存率不高，甚至很低，其重要原因就是被风吹断。因此，在嫁接的同时，要准备好竹竿、木棍和枝条等作支柱用，并且要根据立支柱所需的人力、物力，来决定总嫁接的数量，才能提高嫁接成活后的保存率。

图 4-5　高接树绑支柱

图 4-6　苗木绑支柱

五、新梢摘心

为了控制过高生长，当嫁接成活后，接穗新梢生长到 40～50 厘米时，要进行摘心。摘心的好处，一是可以控制过高生长，减少风害；二是可以促进下部副梢的形成和生长（一般果树在生长很快的副梢上不会形成花芽，而生长细弱缓慢的副梢上则容易形成花芽。这样嫁接后可以提早结果，往往在嫁接后翌年就有一定的产量）；三是摘心可以控制结果部位外移。在高接换优时，一般接口已经比较高，如果让其不断向上生长，就会引起结果部位外移，而内膛则无结果枝，因而不能高产稳产。通过摘心，促进果树早分枝，可以达到立体结果。对于园林花木树种，同样要通过摘心使树冠紧凑，提早开花、结果，里里外外都开花结果，就可提高观赏价值。

摘心要在嫁接当年进行 2～3 次。第一次摘心后，竞争枝还会继续伸展，需要再摘心。通过再摘心，可以促进大量副梢形成。

为了育苗而进行的嫁接，接穗生长后不要摘心，不要摘除副梢，以促成单条生长。这种小苗便于捆绑和运输，定植于果园或林地、庭院后，生长整齐一致，然后再进行正常的栽培管理。

六、加强肥水管理

嫁接成活后，要注意嫁接苗木的土肥水管理，以确保苗木正常的生长发育。要及时清除杂草，疏松土壤，减少与苗木争夺养料，确保土壤的通透性。苗木生长发育需大量肥水，要及时予以施肥，施肥时以农家肥为主，辅以适量的氮、磷、钾等化肥，以满足嫁接苗木生长需要。同时施肥时要努力遵循"薄肥勤施，少量多次"的原则，以确保肥水均匀，平衡供应。另外，当苗木进入迅速生长期后，要适时追肥，翻压补肥，以保证苗木健壮生长。若发现苗木缺肥缺素，要及时进行叶面喷肥，以促进叶片转绿，短枝发育，提高坐果率。喷肥前要先进行试喷，观察有无药害，喷肥过程中雾滴要细而匀，不要在叶片边缘积累药液，否则会因药液的蒸发浓缩而促使叶缘受害。追肥、喷肥后要及时予以浇水。

七、防治病虫害

嫁接成活后，新梢萌发的叶片非常幼嫩。由于很多病虫主要危害幼叶，如蚜虫会从没嫁接树的老叶上，转移到嫁接树的幼嫩树叶上；金龟子和象鼻虫、枣瘿蚊等，则专门危害嫩梢，能把新萌发的嫩叶、茎尖吃光，导致嫁接失败。因此，必须加强对病虫害的防治工作，有效地保护幼嫩枝叶的生长。

对高接的接口要加以保护，特别是对接口太大、不能在 1～2 年愈合的，在接口处要涂波尔多液类的杀菌剂，以防接口腐烂。

第五章
嫁接方法的实际应用

本章知识要点：

★ 落叶果树和常绿果树的多头高接技术

★ 实生和无性繁殖砧木培养壮苗的嫁接和管理

★ "三当"育苗法

★ 快速繁殖中间砧的二重接

★ 快速繁殖中间砧的分段嫁接法

★ 桥接法

一、落叶果树改劣换优的多头高接技术

随着生产的发展，新的优良品种不断被培育出来，国外的优良品种也不断被引进来。在这种情况下，原来有些劣种果树及相形见绌品种的果树就需要加以改造，一些大树需要进行多头高接，使之成为优良品种的果树。有些树种以前多用实生繁殖，如板栗树和核桃树，出现了不少劣种树，并且结果时期也普遍很晚，需要进行高接换种。另外，山区有各种野生的大砧木，如山杏和山桃等，也需要进行改造和利用。由于这些砧木比较高大，根系也很发达，必须采用多头高接的方法进行改造。采用这种方法改造果树和野生砧木，嫁接用多头高接，成活后能很快恢复树冠，达到枝叶茂盛，嫁接树正常地生长发育，1～2 年后便能大量结果。

1. 操作要点

在嫁接之前，要确定嫁接的部位和嫁接的头数，这就要根据以下 3 条原则来进行。

第一，要尽快恢复和扩大树冠。嫁接头数，以多一些为好，具体头数一般与树龄成正相关关系。例如，5 年生树可接 10 个头，10 年生树接 20 个头，20 年生树接 40 个头，50 年生树接 100 个头。树龄每增加 1 年，高接时要多接 2 个头。

第二，要考虑锯口的粗度。接口的直径通常以 3~5 厘米为好。接口太大，嫁接后就不容易愈合，还会给病虫害的侵入创造条件，特别容易引起各类茎干腐烂病。另外，对以后新植株枝干的牢固程度也有不良影响。如果接口较小，则一般 1 个接口接 1 个接穗。这样，既便于捆绑，嫁接速度也快，并且成活率还高。

第三，嫁接部位距离树体主干不要过远，嫁接头数不宜过多，以免引起内膛缺枝，结果部位外移。

根据以上原则，对尚未结果和刚开始结果的小树，可将接穗接在砧木一级骨干枝上，即主枝上。一般在离主干 30~40 厘米的主枝上嫁接，这样长出的新梢可以作为主枝和侧枝。在嫁接时，中央干嫁接的高度要高于主枝，使中央干保持优势。对于盛果期的果树，接穗要接在二级骨干枝上，即主枝、侧枝或副侧枝上，在它的大型结果枝组上也可以嫁接。为了达到树冠圆满紧凑，使嫁接成活后的果树立体结果，除了对果树进行枝头嫁接外，对它的内膛也可用腹接法来补充其中的枝条，或在嫁接后将砧木的萌芽适当予以保留，待日后再进行芽接，以补充内膛的枝条数量。

在嫁接方法的选用上，由于高接时常站在梯子上或爬到树上作业，所以应力求简单，可采用合接法或插皮接。一般嫁接时期早，砧木不离皮时用合接法；嫁接时期较晚，砧木能离皮时用插皮接。嫁接时，采用蜡封接穗，每头接 1 个接穗，然后进行裸穗包扎。个别接口粗、接有 2 个或多个接穗的，可套塑料袋。内膛插枝可用皮下腹接，小树树皮薄可用腹接法。

2. 注意事项

在一棵大树上进行多头高接时，不要锯1个头接1个，而是要一次把所有的头都锯好后再嫁接，以免锯头时碰坏已经接好的枝头，或振动附近已经接好的部位，使接穗移位而影响成活。嫁接时，砧木伤口即使暴露一段时间（如半天）后再接，也不会影响成活率。若接穗较细弱，切削后须立即插入砧木接口，并且要马上包扎好，以防接穗失水，影响成活。

在嫁接时，有些树主、侧枝紊乱，而且较多。有人为了整形而锯去它的一部分枝条，不进行嫁接，这种做法是错误的。因为嫁接树已经受伤，伤口很难愈合，所以全部枝条都要嫁接。为了结合整形，可以将主要枝条的接位提高一些，将其他枝条的接位降低一些，以后培养成辅养枝控制生长。总之，嫁接后的枝叶量以多为好，以后可逐步进行整形修剪。

二、常绿果树改劣换优的多头高接技术

我国的常绿果树主要分布在南方山区，这里的气候、土壤条件很适合果树生长。但是长期以来，由于交通闭塞等原因，这里的果树品种都以地方品种为主，品种繁多，而且混杂，品质差的品种比例很高。以柑橘为例，约有40%的品种是较差的，在市场上没有竞争力，应进行改良。在交通不便的山区，可以发展优质的加工品种，发展果品加工业，但目前我国山区的水果品质，远远不能满足加工业的需要。

发展优良品种有2条途径：一是发展优良品种的新果园；二是对现有品种进行高接换种。目前，我国果树栽培面积已经很大。例如，柑橘在产量上已经供大于求，现在的主要任务是提高果品的质量。高接换种是迅速改劣换优的好方法，具有很大的潜力，可以说是近几年发展果树优良品种的主要方法。

1. 操作要点

从嫁接时期来说，常绿果树一年四季都可以进行嫁接，但高接换种的最适时期是春季，即枝叶开始生长的时期。这个时期，气温回升，树液流动，根系的养分往上运输，伤口容易愈合，而且愈合后生长速度快，高接换种后可以为提早结果和丰产打下良好的基础。在嫁接操作时要做到以下 3 点。

（1）**砧木要保留叶片**　这和落叶果树不同，落叶果树在落叶之前，养分都回收到根系和枝条内，春季嫁接时，其愈合、萌芽的能力很强；而常绿果树的根系和枝条所含养分比较少，必须依靠叶片不断进行光合作用，制造有机营养，以供给接口愈合和接穗生长的需要。但要注意，嫁接后不能让砧木枝条萌芽生长，不能生长新叶，而只能保留老叶。这样，才能保证接穗的愈合和芽的萌发生长。

（2）**接穗粗壮，芽要饱满**　有叶的绿枝和休眠的枝条不同。它体内的养分含量少，如果枝条细弱，养分含量则更少，嫁接后一般难以成活。所以，一定要用粗壮充实的 1 年生枝，而且芽要饱满，最好用即将萌发的，即有已经膨大的芽。这种枝条养分含量相对较高，嫁接后愈合生长快。

（3）**要用塑料袋保持湿度**　常绿果树枝条的皮没有很厚的保护层，所以作接穗用时不宜进行蜡封，以免烫伤接芽。用它进行嫁接时，为了既保持伤口的湿度，又防止枝条失水和雨水浸入接口，用塑料袋套住接穗和伤口是最适合的。常绿果树一般在早春嫁接最为合适。这时气温比较低，套上塑料袋不仅不会造成温度过高而影响愈合和生长，相反，会由于能提高温度而促进伤口的愈合和接穗的发芽与生长。

常绿果树进行高接换种，其嫁接的头数基本上和落叶果树一样，嫁接的方法可以用插皮接、切接或单芽切接，接合时进行裸芽包扎，然后在伤口上抹泥，也可不抹泥，再套上塑料袋。

2. 注意事项

进行多头高接时，先把所有的接头树枝从接口处全部锯断，然后一个一个地嫁接。不要接一个锯一个头，以免锯树时损坏已经接好的部位。据有些资料介绍，多头高接可以分几年完成。其实这是不可取的。因为如果对一棵树先嫁接一半数量的接头树枝，则此树根系吸收的水分和养分很容易大多供给没有嫁接的半数树枝，而嫁接的半数树枝的生长势非常弱，甚至逐渐死亡。因此，多头高接要求一次性完成。进行常绿树嫁接时，砧木要保留一定数量的枝叶，随着接穗生长展叶，所保留的砧木枝叶要逐步剪除。当接穗的枝叶量很大时，要将砧木的枝叶全部去除。这样才有利于接穗的迅速生长和结果。

三、超多头高接换种

超多头高接就是一棵砧木上接很多头，几乎每一个小枝上都改接，如一棵 10 年生树嫁接 100 个头。这种高接换种，落叶树及常绿树种都适宜采用。虽然比较费工，但不影响原有产量，树体大小和生长势保持不变，而使原来较差的品种很快改变成优良品种。

1. 操作要点

嫁接分 2 次进行。第一次是当年果实采收后，一般在秋后进行芽接，接芽可接在树冠上部 1～2 厘米直径的枝条上，采用嵌芽接或单芽腹接，接后不剪砧；第二次是在春季进行，主要接在树冠中部，可用皮下腹接、腹接等方法（图 5-1）。

春季芽萌发时，将上一年芽接以上的砧木剪掉，促进接芽生长及春季腹接的枝条也能萌发生长。为了保持原砧木有一定的产量，也可保留部分原有树上的结果枝，使其开花结果，但是要控制砧木枝条的生长，促进嫁接新品种的生长。翌年砧木枝条即要剪除，使新品种生长和结果。

2. 注意事项

春季剪砧后，成活的芽和砧木芽同时萌发，要保证接穗的生长，砧木一般不保留，如果要有产量可适当保留，但要以不影响新

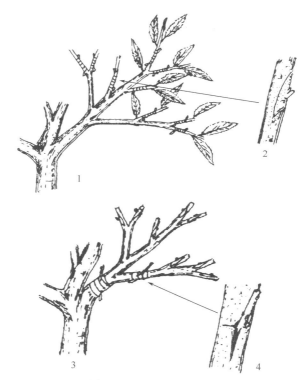

图 5-1 超多头高接换种

1—秋季在分枝基部多头芽接；2—嵌芽接；
3—翌年春季剪砧，下部枝接补充；4—皮下腹接

品种生长为前提。由于接头多，生长比较缓和，不绑支柱也不会折
断。要注意通风透光，新梢摘心，可促进当年形成花芽。

四、用实生砧木培养壮苗的嫁接和管理

培养发展优质的果树无性系苗木，是果树嫁接的主要任务。发
展整齐一致的壮苗是发展优质丰产果园的基础（图 5-2）。

1. 操作要点

首先要培养好砧木，我国果树砧木主要是实生砧木，采用种子

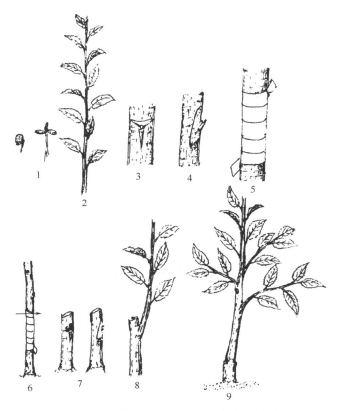

图 5-2　实生砧木培养壮苗的嫁接和管理

1—砧木种子播种；2—砧木生长健壮；3—"T"字形芽接；4—嵌芽接；

5—绑缚；6—翌年春剪砧；7—清除塑料条；

8—接芽萌发生长；9—通过圃内整形 1 年后形成壮苗

繁殖，如山桃、毛桃、山杏、杜梨、海棠、核桃、板栗、黑枣、酸枣、枳壳、龙眼、粗榧等。北方果树砧木种子一般需进行冬季沙藏，使种子外壳软化和开裂，南方果树砧木种子可直接播种。通过苗圃育苗使砧木苗生长健壮。

　　嫁接在秋季进行，当砧木苗生长到筷子粗，可在苗圃进行嫁接。接穗采用优良品种上部生长旺盛的发育枝，最好采后立即嫁接，嫁接在砧木基部。方法可用"T"字形芽接法、芽片贴接法或补片芽接法。如果芽接时期较晚，砧木、接穗离皮困难，可采用嵌芽接。接后用塑料条封闭包扎，不剪砧。

到翌年春季，在砧木芽萌发之前约 10 天，在接芽上部 1 厘米处剪砧，并除去塑料条。以后注意除去砧木萌蘖，确保接穗芽快速萌发生长，并加强管理，到秋后即形成壮苗。也可以在苗圃内整形，可形成有三大主枝的壮苗。

2. 注意事项

秋季嫁接早期用"T"字形芽接时，"T"字形口上面的横刀不要切得过深，只需要切断韧皮部。因为多伤木质部影响水分和养分上运，容易使接芽萌发。接后不剪砧也可防止接芽萌发。

五、无性系砧木培育壮苗的嫁接和管理

随着果树生产水平的提高，为了得到完全整齐一致的苗木，要求利用无性系砧木，再通过嫁接和管理，可培育成强壮的无性系苗木，其果品也更加整齐一致。

1. 操作要点

砧木一般用压条方法进行无性繁殖，首先将砧木在靠近地面处平茬。1 年生的砧木可保留 3～4 个萌芽，其他要除净。当砧木新梢生长到 30 厘米以上时要进行埋土，随着新梢生长要埋土 2～3 次，以促进新梢基部生长出根系。到秋季在离地 4～5 厘米处进行芽接。嫁接方法可用"T"字形芽接和嵌芽接。要求接后当年不萌发，用塑料条封闭包扎，不剪砧。

到翌年春季扒开土堆，土堆内已有不少砧木生长的根系，将嫁接好的 1 年生枝连根系在基部剪断，形成带根系的半成品苗。然后在接芽上留 1 厘米把砧木上部剪除，再定植到育苗圃中，通过去砧木萌蘖等管理，秋后能形成壮苗。

老砧木还可以继续萌生更多的新梢，再进行培土生根和嫁接，每年还能增加嫁接数量，形成连年生产无性系砧木（图 5-3）。有些砧木可用扦插法来繁殖，然后再嫁接，培养成无性系砧木的嫁接苗。

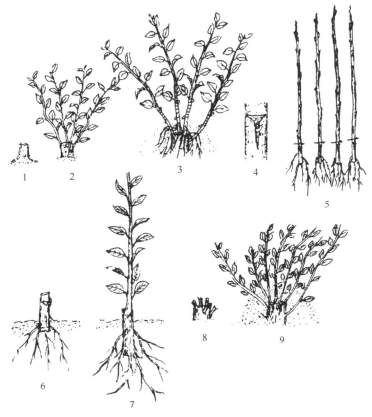

图 5-3　无性系砧木培育壮苗的嫁接和管理

1—砧木平茬；2—长出新梢；3—新梢基部埋土并嫁接优种；4—"T"字形芽接；
5—春季剪砧；6—定植苗圃；7—1 年后生长成壮苗；8—砧木继续培养；
9—生长出更多的新梢可埋土，以后再嫁接，不断生产苗木

2. 注意事项

在砧木新梢基部埋土时，对于长势旺盛的新梢要斜埋土，生长

弱的新梢要直立埋土，可抑强扶弱，使新梢生长比较一致，便于嫁接和管理。

六、当年育苗、当年嫁接、当年出圃的"三当"育苗法

有些优良品种需要加速发展。前面讲的方法需要 2 年，即第一年培养砧木和嫁接，翌年再生长 1 年。采用这种"三当"方法育苗，即可将培养砧木、嫁接和接穗生长放在 1 年内完成，使其在秋后即能出圃。所以"三当"育苗法也称快速育苗法，其操作要点如下。

1. 在温室或塑料大棚中提早培育砧木苗

育苗方法与蔬菜育苗相似。先配好营养土，装在塑料钵或用纸做成的无底圆筒中。一张报纸可以做 32 个这种小纸筒，也可以用塑料厂生产的塑料筒（似救火的水管）。装好土以后，将塑料筒切成段，每段长约 8 厘米。在播种前 1 天，将各类营养钵中的营养土用水浇透。

2. 将砧木种子催芽后再播种育苗

等种子刚萌发并露白时，即种入营养钵中，每个营养钵种 1 粒种子，上面覆一层约为种子直径 2 倍厚的疏松湿土，然后在上面盖上塑料薄膜。要使温室保持较高的温度，等种子发芽出土后，将塑料薄膜除去，加强管理，促进砧木苗生长。待春天霜冻过后，将其移入田间，加强田间管理，使幼苗快速生长成为壮苗。

3. 掌握好嫁接时期和嫁接方法

嫁接时期，一般在 5 月下旬至 6 月上中旬。这时砧木已经有筷子粗，接穗新梢也已比较充实。在离地面 20 厘米处嫁接。嫁接方法可采用"T"字形芽接法。对于难以成活的树种，可采用方块形或环形的芽接法。接好后，在砧木接口上部保留 2 枚叶片，将其他叶片剪除。嫁接口以下的叶片也要保留。这样一方面控制砧木生长，促进接芽生长（图 5-4），另一方面保留砧木叶片制造养分，

有利于伤口的愈合。待接芽萌发后，再将接芽上部的砧木剪除，并抹除砧木的萌芽，使根系吸收的营养集中到接穗上。接穗经过夏季和秋季的生长，长度能达到 50 厘米以上，管理良好的能长到 1 米左右，达到苗木出圃的标准。

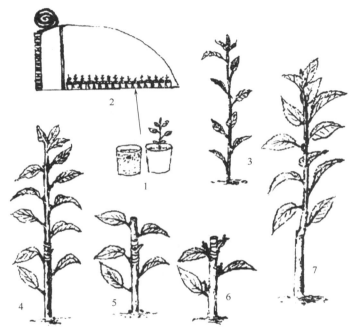

图 5-4　当年育苗、当年嫁接、当年出圃的"三当"育苗法
1—在早春将砧木种子催芽后种入营养钵中；2—在温室里提早育苗；
3—在春季将幼苗定植田间；4—在春末夏初进行"T"字形芽接；
5—接后在砧木接口上方留 2 枚叶片剪去，接口以下的叶片保留；
6—当接穗萌动时，将接芽以上的砧木剪除，接芽以下叶片保留，
掰除叶腋中的萌芽；7—嫁接苗至秋后长成较大的商品苗

七、嫩枝嫁接技术的特点和应用

常绿树嫁接比较适用芽接法，但也适宜用嫩枝嫁接，嫩枝嫁接可以不带叶片，也可以带叶片。带叶片有利于嫁接口的愈合，同时

能快速生长，加速良种的发展。葡萄嫩枝嫁接可以克服伤流液的不良影响。

1. 操作要点

（1）**采用腹接法** 常绿树育苗第一年先培育健壮的砧木苗，到翌年春季新梢芽萌发时进行腹接。接穗要求较粗壮，芽饱满，嫁接在砧木中下部，采用腹接法。接穗如果带叶片，在嫁接捆绑后再用一小块地膜或塑料袋套上，以保持叶片不萎蔫。由于叶片能制造养分，有利于愈伤组织的生长，愈合后生长快。嫁接后先不剪砧，但要控制砧木生长，嫁接成活后将接穗上部的砧木剪除，加速接穗生长。

（2）**顶端劈接法** 葡萄嫩枝嫁接可用嫩枝劈接法，其他常绿树也可以用此法。选用粗壮接穗，可在砧木同等粗度的部位嫁接，保留接口下砧木的叶片。接穗也可以适当保留叶片，接后也要套塑料袋。为了避免阳光照射温度过高，嫁接时期应在早春，白天气温在20℃左右为宜。

2. 注意事项

接穗保留叶片的多少要根据具体情况而定。对于蜡质层厚的小叶片，接穗如果留2～3个芽，则2～3个叶片都可保留。如果叶片较大则可将叶片切除一半，保留一半叶片。如果叶片很大，只能保留一小部分叶片。接穗芽即将萌发可不留叶片，一般葡萄嫩枝嫁接不留叶片。

八、快速繁殖中间砧的二重接

采用矮化砧木进行嫁接，可以使嫁接果树生长矮小。但是有些矮化砧木繁殖很困难，还有的矮化砧木根系生长过弱，在冬季地上部分容易发生枯梢抽条。如果采用中间砧，在果树树干部位夹一段矮化砧，可以弥补以上缺点，达到根系发达树冠矮小，同时繁殖苗木比较快的目的。二重接是快速繁殖具有中间砧果树苗木的方法。

其操作方法如下。

以苹果树为例,进行二重接要先培养海棠等乔化砧木苗。再在砧木接近地面的地方,采用"T"字形芽接法,嫁接上一个矮化砧的芽和一个苹果芽(矮化砧要采用有明显矮化作用的类型)。1个芽接在正面,1个芽接在背面。到翌年春季剪砧后,2个芽都萌发。当新梢长到50厘米以上时,在离砧木15~20厘米处,将2个新梢进行靠接。靠接时要注意,中间砧选留的长度决定了矮化的程度。如果要求矮化程度大,就要把中间砧留长一些,靠接的部位要高一些。如果要求矮化程度小一些,树冠较大一些,就要把中间砧留得短一些,靠接的部位降低一些。

嫁接1个月后,靠接部即全部愈合。这时,可将苹果枝在接口下部剪断,并将矮化砧从接口上部剪除。这样,海棠根上面是矮化砧,矮化砧上面是苹果树(图5-5)。这种中间砧苗木通过2次嫁接,2年即能育成中间砧苗,比常规嫁接可节省1年的时间。

图 5-5　快速繁殖中间砧的二重接

1—削取的优良品种芽片;2—削取的作为中间砧的矮化树种芽片;
3—将2个芽分别嫁接在同一棵根系发达的砧木上;4—在翌年春季,
2个芽同时萌发生长;5—在2个芽所长出新梢的适当部位进行靠接;
6—靠接成活后,将中间砧的上部新梢和优种新梢的下部主干剪掉

九、快速繁殖中间砧的分段嫁接法

分段嫁接法与二重接一样，也是培养具有矮化作用的中间砧树苗木的一种方法。

采用这种方法，先要培养生长旺盛的矮化砧，使矮化砧新梢尽量长得长一些，然后在矮化砧上每隔一段距离接上一个优种芽。每株砧木上下可接几个芽。以苹果树为例，到翌年春季，把顶端有果芽的砧木一段一段地剪下来，再嫁接到普通砧木上。芽接可用"T"字形芽接法，春季枝接可用切接、合接或插皮接。嫁接成活

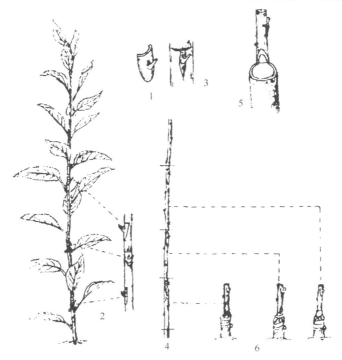

图 5-6　快速繁殖中间砧的分段嫁接技术

1—从优良品种接穗上切取芽片；2—将芽片嫁接在矮化砧木上，可分段嫁接
多个接芽；3—采用"T"字形芽接法；4—在翌年春季将长成的中间砧苗进行
分段剪截；5—采用合接法和切接法将其嫁接在普通砧木上；6—加快繁殖

后，只让顶端的苹果芽生长，其他萌蘖要全部去除。这种嫁接苗生长年后，一般能长成1米以上的中间砧壮苗（图5-6）。

矮化砧上部带接芽的枝条，在春季被剪掉后，由于它的根为多年生，一年比一年发达，因而再长出的新梢生长势旺，可以再用分段嫁接法繁殖中间砧。这样矮化砧可以年年供苗使用，而且所繁的中间砧越来越多，从而形成嫁接中间砧的采穗圃，提高发展中间砧的速度。

将以上二重接和分段接相比较，前者适合矮化砧材料比较少时应用，后者适合于矮化砧材料比较多时应用。但是，二者都是快速发展中间砧的方法。

十、室内嫁接育苗技术

为了利用农闲季节，提高嫁接速度，加速繁殖优良品种，可以在冬季或早春进行室内嫁接，然后再移栽于大田。这样就可以做到当年嫁接、当年成苗。例如，核桃、枣、葡萄等果树都可以采用这种方法。在春季嫁接时，由于有伤流液，因而影响成活率。而进行室内嫁接，其根系离开了土壤，便没有伤流液及所产生的不良影响，因而有利于嫁接成活。其操作要点如下。

将砧木在秋末落叶后、土壤冻结之前挖出来。枣树可以利用根蘖苗或野生的酸枣苗，葡萄和核桃等最好用在苗圃繁殖的1年生苗。然后把砧木的地上部分剪除，只用带有根颈的根部，并把砧木的根储藏在冷湿的土窖内，或在室外开沟将它埋起来。接穗可以现采现用，或者事先在冬季把接穗剪下来，也储藏在冷湿的条件下备用。

这种育苗所采用的嫁接方法，一般用合接法或舌接法。接后用尼龙绳捆绑。所用的尼龙绳在湿土中3个月后能断裂，不影响嫁接树的生长。如果用塑料条捆绑，则必须在接穗嫁接成活以后进行人工解绑。室内分批嫁接的嫁接苗，都埋在湿沙中。嫁接操作，可在塑料大棚或温室中进行。到早春接穗芽萌发之前，要将嫁接苗移到大田之中。如果在早春嫁接，接后也可直接种入大田。为了保持温度和湿度，要用双膜覆盖嫁接苗，即在地面上铺地膜，上面再加盖小拱棚。等到嫁接苗愈合发芽后，小拱棚内气温过高时要打孔通风，直到完全成活，接穗长大后，再除去小拱棚。通过加强管理，到了秋后，嫁接苗可长到 1 米多高，形成健壮的优质苗木。

十一、子苗嫁接技术

有些大粒种子，如核桃和板栗，在发芽时茎尖伸出土面，子叶留在土内，其中含有大量的营养。这种类型的种子，在芽萌发时可将其作为砧木，在子苗上嫁接优良品种。这也是一种快速发展优种的方法（图 5-7）。其操作要点如下。

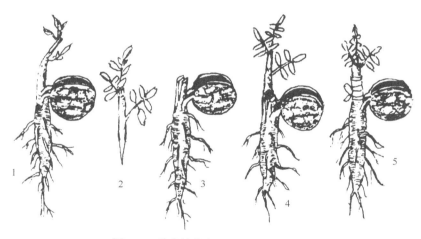

图 5-7　子苗嫁接技术（以核桃为例）

1—催芽；2—选取优种树上刚萌发的嫩梢作接穗，切削成两个马耳形斜面；
3—短截砧木并劈一劈口；4—用劈接法嫁接；5—绑缚

秋季后选择营养充足的大粒种子储藏在低温的湿沙中。在嫁接前约 20 天，将种子和湿沙转入温度较高的房间促进发芽。当根和芽长出来后，即可进行嫁接。

嫁接时，先将子叶叶柄以上的芽切去，用劈接法在中间劈口。

要注意不能切断子叶叶柄，因为种子内的营养物质都储藏在子叶中，需要通过子叶叶柄，把营养运输到接穗和根部以促进成活和生长。用优良品种粗壮枝上刚发芽的嫩枝芽作接穗。将接穗削成楔形，把它插在砧木的劈口中，使其两边形成层对齐。接后用绳子捆绑好。

将嫁接好的种苗种植在大田中，和室内嫁接一样，种植时间以早春为好，并且要覆盖双膜，使接口在地膜下，接穗在地膜上，接穗在地膜上的小拱棚内。通过加强管理，使种苗在当年可以成苗出圃。

需要说明的是，以前一些材料上谈到子苗嫁接技术时，接穗采用1年生的老枝，用老枝接在子苗上很难成活，所以接穗改用当时萌发的顶芽，和砧木子苗相匹配，成活率得到提高。

十二、盆栽果树快速结果嫁接法

将带花芽的接穗，嫁接在盆栽的砧木上，嫁接成活后即可开花和结果，形成树体矮小、结果早的小老树果树盆景（图5-8）。其操作要点如下。

砧木要生长健壮，根系发达，有很强的生命力，最好先栽在苗圃中培养，并在砧木苗的根系下土深约10厘米处，埋一块砖头，以使根系往四周生长。当秋后将它移入盆中时，它便具有完整的根系。也可以让它在盆中再生长1年。到早春，将砧木花盆移入温室中，等砧木芽萌动后进行嫁接。接穗采用比较粗壮的带有花芽的结果母枝。为了增加花芽数量和结果量，也可以采用多头嫁接的方法，将接穗接在分枝上，或用带有分枝的结果枝组作接穗。

盆栽果树快速结果的嫁接方法，一般可用合接法或劈接法。嫁接后，要用塑料条捆绑，再用一个较大的塑料袋将地上部全部套起来，以保持空气湿度。然后把它放入25℃左右的温室内。盆栽果树嫁接成活后，要加强管理，适时除去上面所罩的塑料袋，加强肥水管理，防治病虫害。开花后要进行人工授粉，以提高坐果率。另

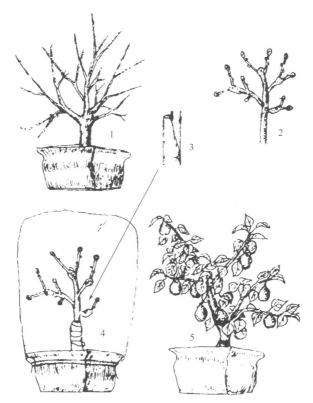

图 5-8　盆栽果树快速结果嫁接法

1—在花盆中培养砧木；2—早春在大树上采取花芽饱满的中型结果枝作接穗；
3—用合接法嫁接；4—绑缚，套袋，放入温室；5—嫁接当年就可开花结果

外，还要进行整形和圈枝等工艺，使树形美观。盆栽果树的根系不可能扩大，因此只要挂果多，就可以形成小老树，具有良好的观赏效果。

十三、挂瓶嫁接法

进行嫩枝嫁接，采用靠接法最容易成活。但是带有根系的接穗很难靠近砧木，用花盆移栽后再嫁接比较困难。采用挂瓶嫁接法，

就能克服这个困难而获得好成效。

嫁接方法可应用一般靠接法。接穗要比较长，先将接口下部插入盛满水的瓶子中，然后将瓶子固定在砧木上（图5-9）。这样，在伤口愈合过程中，当接穗尚得不到砧木供应的水分之前，可以吸收瓶中的水分，避免因水分不足而干死。所挂瓶中的水分蒸发比较快，每天需要予以补充，大约需要30天接穗和砧木才能愈合。这时才可撤去瓶子，并把接口下方的接穗和接口上方的砧木剪去。

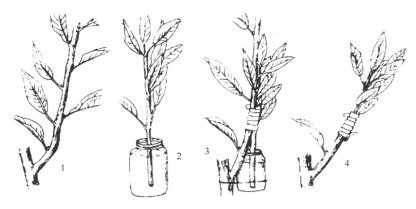

图 5-9　挂瓶嫁接法

1—砧木；2—带叶接穗的枝条下部浸入水中；3—用靠接法嫁接；
4—嫁接成活后撤去瓶子，并把接口下的接穗和接口上的砧木剪去

十四、挽救树皮腐烂的桥接法

桥接是在果树发生腐烂病，或遭受虫害与机械损伤，引起树皮腐烂，造成很大的伤口，影响水分和养分的运输，使树势衰弱，寿命缩短，甚至死亡时采用。采用桥接法，可以使伤口上下接通，恢复树势。这是果树生产中很重要的一种嫁接方法。

1. 操作要点

（1）两头桥接

① 腹接桥接法　切砧木的方法与皮下腹接相同，在树干受损

部位的上部切一个倒"T"字形口，深达木质部，在倒"T"字形口的下面削一个马蹄形的斜面，以利于插入接穗，使砧木和接穗能够紧密结合。在树干受损的下方同样切一个"T"字形口，方法同上，但方向相反。选择同品种或同树种上的1年生枝条做接穗。接穗的长度比上下两个"T"字形口的距离长约10厘米，将接穗两端按腹接的要求削成斜面。为了便于接穗插入，可在插入接穗前用竹签插入"T"字形口。插接穗的方法与腹接相同。接穗插入后用鞋钉巩固，糊泥保湿，最后塑料布包扎（图5-10）。

② 镶嵌桥接法　近似于镶嵌靠接法，先于枝干受损部位的上方纵划两道平行切口，深达木质部，宽度与接穗上端的粗度一致，

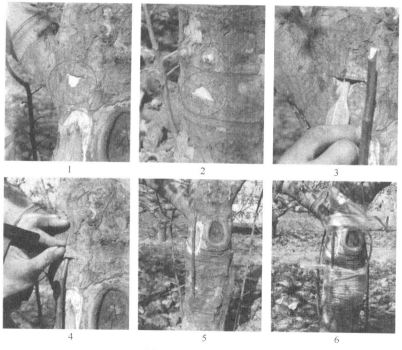

图 5-10　腹接桥接法

1—桥接上部接口；2—桥接下部切口；3—插入竹签；
4—插入接穗并用鞋钉固定；5—接口糊泥保湿；6—绑缚

长约 5 厘米。然后于平行切口下端倾斜 30°角左右，用刀尖斜向上切入，深达木质部，将树皮挑起，保留 1～1.5 厘米削断。下切口与上切口的操作方法相同，但方向相反。

根据砧木上下两切口的距离，截取适宜长度的接穗。将接穗上下两端各削一长削面，长度略长于砧木切口，于背面各削一个长

图 5-11　镶嵌桥接法

1—桥接上部接口；2—桥接下部切口；3—剪截接穗；4—接穗；
5—嵌入接穗；6—用鞋钉固定；7—接口糊泥保湿；8—绑缚

0.8~1厘米的短削面，然后将接穗上下两端分别嵌入砧木的切口中，长削面向内，用鞋钉固定，糊泥保湿，塑料条绑缚。如果伤口过大，可一次接上多根接穗（图5-11）。

（2）**利用萌蘖或栽砧木苗桥接**　利用伤口下的萌蘖或栽植的砧木苗进行桥接。将萌蘖或苗木上端短截后，用皮下腹接或镶嵌靠接法接入伤口的上部。苗木或萌蘖也可以不短截，采用靠接法进行嫁接，伤口愈合后，再将萌蘖或苗木上部剪除（图5-12）。

（3）**利用根桥接**　将根颈伤疤处下方的根挖出，反弯向上，用镶嵌桥接法或腹接桥接法，接入伤疤上面的接口（图5-13）。

图 5-12　利用砧木苗桥接

图 5-13　利用树根桥接

2. 注意事项

桥接成活后，用于桥接的接穗常会长出枝叶。对此一般第一年不必除去，因为这样做有利于枝条的加粗生长，到冬季修剪时再剪除。

十五、利用苗圃剩余根系的根接法

为了加速良种的发展，可利用苗圃地果树出圃时切断的小根，在室内进行嫁接，把它嫁接在较粗壮的接穗上，然后再种植到苗圃

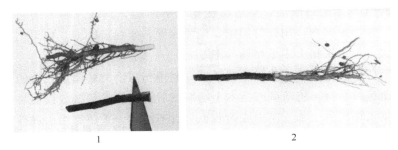

图 5-14　倒劈接

1—接穗和砧木的切削；2—插入根段

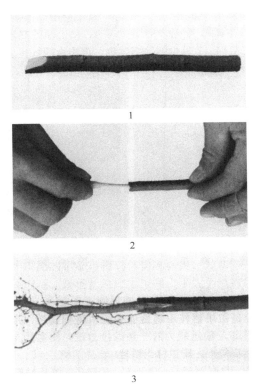

图 5-15　倒插皮接

1—接穗马蹄形削面；2—接穗削面插入竹签；3—插入根段

地育苗。这样做，可使苗圃中切断的小根由废物变成"宝贝"，有效地加速良种的发展。

在秋季苗木出圃后进行耕翻时，可以翻出不少切断的砧木根，将这些根集中起来，埋在湿沙中。一般到冬季，结合修剪，用较粗壮的接穗，同时挑出较粗壮的断根，进行嫁接。采用倒劈接（图5-14）或倒插皮接（图5-15）的方法，将根插入接穗中，接后用能自行腐烂的麻绳或马蔺等捆绑。在冬季嫁接后，先把嫁接苗储藏在窖内的湿沙中，以保持低温和潮湿。等到春季，再把嫁接苗栽入苗圃中。如果是在春季嫁接，嫁接好后可直接将其栽入苗圃中。栽植时，要把根和大部分接穗都埋入湿土中，然后用地膜覆盖，最好再用小拱棚保温保湿。

十六、形成弯曲树形的倒芽接

倒芽接是嫁接时将芽向朝下，嫁接成活后枝条开始向下生长然后再弯曲向上，使枝条角度开张。在果树生产上倒芽接不宜用于育苗而适宜用在幼树多头高接上，使直立枝开张角度，提早结果，特别适用于制作果树盆景（图5-16）。

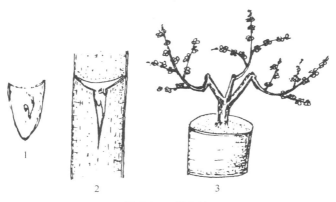

图 5-16　倒芽接

1—倒置切削接穗；2—接穗倒置插入砧木"T"字形口；
3—剪砧后生长出弯曲枝条，提早开花结果

1．操作要点

倒芽接应该接在直立型主枝上，嫁接在主枝的外侧，可采用"T"字形芽接或方块芽接。初夏嫁接当年可萌发，秋季嫁接当年不萌发，翌年剪砧后萌发生长，倒芽接的成活率和正芽接基本相同，生长也不受太大影响。

2．注意事项

倒芽接只适宜芽接，如果用枝条倒置嫁接，一般不能成活。倒芽接嫁接成活后要加强管理，使枝条有一个合适的生长角度。

十七、缩短育种童期的高接法

如何提高果树杂交育种的效率，是育种工作者最为关心的问题。其中有一个重要的问题，是杂交苗从种子发芽到开花前的童期较长，从种子播种到开花结果一般需要几年时间。桃树是开花最早的果树之一，但是从播种到开花也要 3～4 年，结果后对果实的鉴定需要 2 年，所以杂交苗的初步鉴定需要 5～6 年。其他树种则需要更长的时间。用高接法将杂交苗的枝条，嫁接在树龄大的砧木上，可以缩短童期，提早开花结果，对果实性状表现不好的可早期淘汰，节省管理经费；对果实性状好的，可提早发展无性系，进一步观察、研究和推广。其操作要点如下。

1．砧木和接穗的选择

砧木选用年龄大、无病虫害的盛果期树。要加强肥水管理，并要重修剪，使树冠外围能长出旺盛的新梢。供采接穗的杂交种子早春或冬季在温室播种，促进种子提早萌发加速生长，利用刚长出的新梢芽进行嫁接。对于种子较大的胚芽，可以直接嫁接到砧木的嫩梢上，使杂交种子加速生长和结果，可缩短童期，提早观察出杂交后代的优劣（图 5-17）。

2．嫁接部位和方法

嫁接在砧木外围生长旺盛的新梢上进行，一般在 6 月用"T"

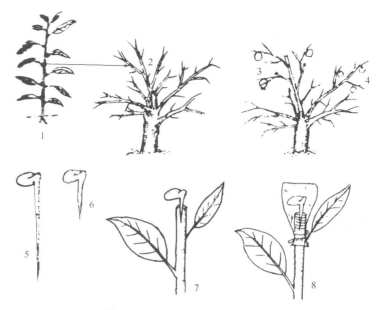

图 5-17　缩短育种童期的高接法

1—杂交苗；2—高接在成年大树上；3—嫁接后提早开花结果；
4—原树上的果实可作为对照比较；5—萌发的种胚；6—切断下胚轴并削成楔形；
7—在砧木嫩梢劈口嫁接；8—种胚接入后绑缚，套袋

字形芽接法，分别接在不同的砧木枝条上。一棵杂交苗可接几棵树。两棵大树可以嫁接几个不同杂交组合的杂交苗，利用率可以很高。每个接芽都要挂上标签，注明杂交亲本组合等。

3. 接后管理及效果

砧木在接芽前留 4～5 片叶后剪砧。约经过 15 天，嫁接成活后，将接芽上面的砧木剪去，同时控制芽附近砧木芽的萌发，促进接芽的萌发和生长。当杂种苗枝条生长到一定长度时，要进行摘心，使枝条生长充实，能安全越冬。到翌年春季芽萌发时，要控制砧木的生长，促进杂种苗枝条的生长到 20～30 厘米时要进行摘心，以促进副梢形成，同时能形成花芽或混合芽。一般第三年能开花结果，有些树种管理好，翌年即可开花结果。

第六章

林果的嫁接育苗和高接换种

本章知识要点：

★ 重要果树的嫁接育苗和高接换种
★ 重要观赏树木的嫁接育苗和高接换种

第一节

重要果树的嫁接育苗和高接换种

一、苹果、梨的嫁接

苹果、梨是我国的大众水果之一，在面积与产量上居世界第一。但是我国苹果和梨生产上存在的品种比例不当，优质果比例不高，有些地区品种老化，果品质量低的问题比较突出。表现在国际市场上，就是我国的苹果大部分进不了国际超级市场；日本和韩国的新品种梨，把中国的老品种梨挤出了市场，我国年出口量仅占世界梨出口量的1/15，而且销售价格只有日本、韩国梨价格的25％。因此，对现有苹果和梨品种的改良和换种是当务之急。

（一）砧木

1. 苹果的砧木

苹果砧木按繁殖方式，可分为有性实生砧、无融合实生砧和营养砧三大类。

（1）有性实生砧 常用的有山定子、毛山定子、西府海棠、扁棱海棠楸子、湖北海棠、三叶海棠、新疆野苹果、河南海棠、黄海棠和花红等。

① 山定子 又名山荆子（图 6-1），主要分布于东北、华北和西北地区。作苹果砧木时，与嫁接品种亲和力好，根系发达，树体抗寒性强，耐瘠薄，不耐盐碱，在盐碱地上易发生缺铁性黄叶病。

图 6-1　山定子

② 楸子 又名海棠果、林檎（四川、湖北）（图 6-2），分布于我国华北、东北、西北以及长江以南各地。其根系深，须根比较发达，对土壤适应性很强，抗旱，比较抗寒，耐涝，耐盐碱，是苹果的优良砧木。

图 6-2　楸子

③ 扁棱海棠　主要有八棱海棠（图 6-3）、平顶海棠等。本种为杂合性种，主要分布在华北、西北等地，是苹果的优良砧木，嫁接树抗旱，抗涝，耐盐碱，生长快。

图 6-3　八棱海棠

④ 西府海棠　又名小果海棠（图 6-4），在辽宁、山西、河北、山东、陕西、甘肃、云南、四川等地均有栽培。与苹果嫁接亲和力良好，耐寒、抗旱性强。

图 6-4　西府海棠

⑤ 湖北海棠（图 6-5）　主要分布在湖北、云南、四川、贵州、浙江等地。根腐病、白绢病少，抗白粉病，抗棉蚜，耐涝，适应性强。但根浅，须根较少，抗旱性差。其中某些类型和植株有孤雌生殖特性。

图 6-5　湖北海棠

⑥ 新疆野苹果　又名塞威氏苹果（图 6-6），主要分布在我国的新疆地区。比较抗旱、抗寒，但抗性不及楸子。

图 6-6　新疆野苹果

（2）无融合实生砧　无融合生殖的苹果资源作砧木突出的优点是砧木苗一致性强，嫁接树个体间的差异小，易繁殖。但大多无融合资源对苹果潜伏病毒敏感，导致嫁接亲和性弱，主要资源有湖北海棠、变叶海棠等。

（3）营养砧　利用扦插、压条等方法培育出的砧木苗，从国外引进的有 M 系、MM 系、P 系、B 系、CG 系等砧木品种，国内培育的品种有 S 系、SH 系等。

① M$_{26}$ 矮化砧木　压条生根好，繁殖率高，抗白粉病，与苹果品种嫁接亲和力强，植株生长矮化、产量高，果实品质好，有"大脚"现象，耐寒性较差（图 6-7）。

② M$_9$ 矮化砧木　生根比较困难，压条繁殖率低，与苹果嫁接有"大脚"现象，根系浅，抗旱、抗寒、耐涝和固地性均较差，树易折断和倾倒，需立支柱，但嫁接苹果早果性很强，对结果晚的富士品种更为突出。适于比较肥沃的土壤和较好的土壤管理。在华北

图 6-7　M$_{26}$矮化砧木

地区作中间砧，砧段要埋入地下。

③ M$_7$ 半矮化砧　压条生根力强，繁殖系数高，适应性强，耐瘠薄，抗旱，抗寒力强，与苹果嫁接亲和力强，早实丰产，不耐涝。

④ MM$_{106}$ 半矮化砧　易生根，根系发达，固地性好，适应性强，与一般苹果品种嫁接亲和力好，早果丰产。作中间砧矮化效应不够理想，最好用作自根砧和嫁接短枝型品种。

⑤ SH 系　由山西省农业科学院果树研究所用国光与河南海棠种间杂交育成。极矮化的类型有 SH$_4$、SH$_{20}$、SH$_{21}$ 等，矮化的类型有 SH$_5$、SH$_6$、SH$_9$、SH$_{10}$、SH$_{12}$、SH$_{17}$、SH$_{38}$、SH$_{40}$ 等，半矮化的类型有 SH$_3$、SH$_{15}$、SH$_{22}$、SH$_{24}$、SH$_{29}$ 等。经在河北省试栽，SH$_3$、SH$_{38}$、SH$_{40}$ 等矮化性及与嫁接品种的亲和性好，并有早果、果实品质好等优点，比 M$_9$、M$_{26}$ 的抗逆性强，尤其耐旱性突出，也抗抽条，但不耐盐碱。

2. 梨的砧木

梨的砧木很多，一般都是利用当地野生或半栽培种。北方各省多用杜梨作砧木，少量用褐梨、豆梨。辽宁、内蒙古以及河北北部等地多用秋子梨作砧木。湖北、湖南、江西、安徽南部、浙江、福建等地则多用豆梨作砧木。云南、四川等地则多用川梨。另外我国南方地区还可用沙梨做砧木。

（1）**杜梨**　与中国梨、西洋梨嫁接亲和力强，利用杜梨嫁接的梨树，生长健壮，结果早，丰产，寿命长。其根系深而发达，耐旱又耐涝，抗盐碱。在北方各省应用较多。见图6-8。

图 6-8　杜梨

（2）**豆梨**　适应性强，抗旱，耐涝，耐潮湿，抗腐烂病能力强，但抗寒性、耐盐碱性和耐瘠薄能力略差，适于温暖湿润气候。与沙梨和西洋梨品种的亲和力强，成活率高，生长旺盛。嫁接洋梨后可避免果实铁头病。在我国长江以南各地应用较多。见图6-9。

（3）**褐梨**　适于瘠薄的山岭地区，嫁接栽培品种后，树势较旺盛，产量高，但结果较晚。见图6-10。

（4）**秋子梨**　是梨砧木中抗寒力最强的一种，野生种能耐—52℃低温，须根较多。嫁接的梨树树体高大，寿命长，丰产，抗腐烂病和黑星病，适宜嫁接各种东方梨品种。与西洋梨的嫁接亲和力较弱，嫁接某些西洋梨后果实易患铁头病。适宜在东北寒冷地区应用。见图6-11。

图 6-9　豆梨

图 6-10　褐梨

图 6-11　秋子梨

（5）**沙梨**　对水分的要求高，抗热、抗旱，抗寒力差，抗腐烂病能力中等，适宜南方各地。见图 6-12。

图 6-12　沙梨

（二）砧木培养与嫁接育苗

1. 实生育苗

首先要收集砧木种子，种子必须经过低温沙藏后才能萌发。一般在 12 月底或翌年 1 月开始沙藏，到沙藏结束时，即接近播种期。沙藏前，先将种子浸泡 4 小时，将漂浮的瘪籽和杂质捞出。在背阴处挖 1 条深 60～100 厘米、宽 60～70 厘米的沟，长度视种子量而定。将种子按 1：5 的比例与湿沙混合放入沟内，放至离地表 20 厘米时用湿沙盖上，再铺塑料薄膜和遮阴物。如果种子量少，也可用花盆进行沙藏，然后将花盆埋入土内过冬。沙藏的温度以 2～5℃为最适宜。翌年春季，种子开始发芽时即可播种。

播种有两种形式。一是在早春，将种子播在阳畦中。这可提早播种，加强管理，促进幼苗发芽生长，然后进行炼苗，再进行移栽。一般用平板铁锹将苗带土铲出（带土厚度为 10 厘米左右），码放在平底筐内，运到栽植地后，用手将苗一棵一棵地掰开，带土栽植。二是将种子直接播种在大田中，播种时间比前面的移栽要晚1个月，直播方法是条播。畦面宽1米、长10～20米。播种行距为20～30厘米。播种前先开挖深2～5厘米的沟并浇水，待水渗下后播种。覆土厚度为0.5厘米左右，然后在畦面覆盖地膜。待种子出苗后，在有苗的位置将地膜撕开一个通风口，让苗长出来，在地膜上再压上一层薄土，既防长杂草，又促苗生长。

以上移栽育苗，苗木生长较快。直播育苗通过加强管理，当年也可以嫁接。

2. 用压条法繁殖无性系砧木

对于国外引进的苹果砧木，以及需要用无性繁殖方法来繁殖的砧木，用压条法是快速繁殖壮苗的有效方法。压条法主要有以下两种。

（1）直立埋土压条法 采用此法繁殖苗木，被压的枝条无须弯曲，呈直立状态或保持原有的角度。在植株基部堆土，经过一定时间后，覆土部分能发出新根，形成新植株。对于苹果矮化砧，用嫩枝压条容易生根。可以在春季芽萌发之前，将枝条在地平面以上留2～3厘米后剪去，使伤口下长出2～5个新枝。当新梢生长至30厘米高时，用疏松的湿土埋至新梢基部10厘米处。新梢生长至50厘米高时，再埋土至约20厘米处。2次埋土要在7月雨季之前完

图 6-13　直立埋土压条法

成。到秋季新梢基部生长出很多新根后，可以分离出圃。这种方法每年可以连续利用，繁殖大量砧木（图6-13）。

（2）水平埋土压条法　将1年生砧木植株斜向种在苗圃中，并将植株枝条水平压倒在浅沟中，并覆土。当新梢生长出来后，适当疏去生长弱的，保留生长旺盛的，并和直立压条一样分2次加土在新梢基部。到秋后每个新梢基部都能长出新根，形成新的植株（图6-14）。

图6-14　水平埋土压条法

3. "T"字形芽接法

嫁接最适宜用"T"字形芽接法，时间在8月中下旬至9月上旬。这时春季播种的砧木已长到超过筷子粗，形成层活动力强。接穗木质化程度提高，芽饱满，嫁接成活率高。

在嫁接前1个月，要把砧木上离地10厘米处的枝、叶抹除，使茎干光滑，便于嫁接。接穗要从优种树上采树梢部分的发育枝，或从无病毒苗圃的采穗圃采集。要确保品种纯正和不带病毒病等病虫害。

"T"字形芽接成活率高。嫁接后当年不萌发，故在用塑料条捆绑时，要将叶柄和芽全部包扎起来。这样可以防雨水浸入，又利于保护芽片越冬。嫁接后不要剪砧，到翌年春季，在接芽上方0.5厘米处剪砧，并除去塑料条，以促进接芽生长。要及时除萌，加强管理。秋后可生长成壮苗出圃。

（三）多头高接

多头高接一般用于苹果和梨等大树的品种改造。由于原有果树品种都有一定的经济价值，要求嫁接后尽快恢复树冠和产量，或在嫁接换种的同时，原品种还有一定的产量。因此，在嫁接技术上要采取一些新的措施。

1. 超多头高接换种

接口处粗度为 2 厘米左右。所以，一般主、侧枝和辅养枝，包括结果枝组，都要进行嫁接。由于嫁接头很多，在嫁接时必须采用快速的方法。插皮接是速度最快的，但必须在砧木萌芽、树液流动、砧木能离皮时嫁接。插皮接适用于比较粗的砧木，如 2 厘米左右可用插皮接。对于更小的砧木可用合接法，速度也很快。接穗要进行蜡封。每个头接 1 个接穗，接后用塑料条包扎。这种方法嫁接成活率极高。

2. 长接穗嫁接技术

一般春季嫁接用的接穗，都是削面上留 2～3 个芽。留芽少，萌发后生长旺盛，但形成枝叶比较少。用长接穗嫁接，芽萌发量大，形成小枝多。由于苹果花芽多在短小的枝条顶端，生长旺盛的枝条一般不能形成花芽，大量短枝能形成花芽提早结果。同时，由于芽萌发多，生长量小，不易被风吹折。

用长接穗嫁接虽然有很多优点，但像以前高接时把接穗包扎起来很困难，往往在接口愈合之前，接穗已经抽干。现在应用了蜡封接穗，长接穗也很容易蜡封，蜡封接穗都用裸穗包扎。嫁接方法和速度都和短枝接穗一样，嫁接成活率同样很高。所以，采用长接穗多头高接，是一种加速恢复树冠、提早结果的好方法。

3. 腹接换头技术

要求砧木比较年幼。嫁接时，应将各个主枝前端缓缓向下拉弯，使其成为脊状。也可以结合拉枝，用绳子将枝头下拉。然后在凸起的脊处进行腹接。嫁接成活后，接穗萌发生长在枝条的高部位，由于顶端优势的作用，其生长势比前端下垂的枝条旺。下垂的枝条可以正常开花结果，保留 1～2 年后剪除。这样既可以保持原有的产量，又可以逐步更换品种。

4. 高接花芽当年结果技术

接穗利用带有腋花芽的长枝，或带有几个短果枝的结果枝组，基部粗度在 0.8～1 厘米，可适当长一些。嫁接前，将接穗进行蜡封。由于枝条较长或分枝多，所以必须用较多的石蜡及较大的锅，以保证所有分枝上都能封蜡。嫁接方法可采用劈接法或合接法。由于所用的接穗比较粗，因此进行插皮接时操作要困难一些。如果接穗不太粗，也可以采用插皮接。高接带花芽枝时，一般把它接在砧木相应的小枝上，接后能开花结果。如果营养不足，坐不住果，也没有关系，这类枝条翌年肯定能结果。这是一种使新品种提早开花结果的嫁接方法。

→ **专家提示**

在进行嫁接时，由于梨的芽体较大、隆起，进行"T"字形芽接在取接穗芽时，用刀横切中部时略深些，切断部分木质部，接芽以稍带木质部为宜。

二、桃的嫁接育苗与高接换种

随着人民生活水平的提高，桃树由露地栽培向保护地设施栽培发展，已成为反季节调节周年供应的首选方式。由于成熟期早，提高了经济价值，已成为广大农民脱贫致富的新路子。由于桃品种的更新很快，因此桃的嫁接育苗和老品种的高接换种工作，便显得尤为重要。搞好这一工作，对于加速我国桃品种的更新，提高桃生产的技术水平和经济效益，具有重要的意义。

1. 砧木

桃树一般多以山桃（图 6-15）或毛桃（图 6-16）为砧木。

（1）毛桃 与栽培桃相似，但果实小，其根系分布深，寿命较

图 6-15　山桃

图 6-16　毛桃

长，耐寒，有一定的抗旱能力，适应性广，既能适应温暖多湿的南方气候，又可在北方应用，是目前应用最普遍的砧木。用毛桃作砧木，生长快，结果早，果实大，浆汁多，品质好，与嫁接品种的亲和力好。

（2）**山桃**　适应性强，耐旱，耐盐碱，与桃栽培品种嫁接亲和力强，成活率高，但在河北等地特殊年份有冻害现象。

2. 砧木培养与嫁接育苗

（1）种子处理　将作砧木育苗用的桃核，用清水浸泡 48 小时左右，进行沙藏。播种前，将经沙藏一冬的种子从沙藏沟中取出。如果已经露白发芽，则可以播种。如果发芽很少或没有发芽，则可以改在温度较高的地方堆放，或放在向阳处，并喷水保持湿度，表面覆盖塑料薄膜，几天后即能发芽。在播种前，要进行药剂拌种，以防止根瘤病。一般 5 千克种子，用 50％苯菌灵可湿性粉剂 75克，拌均匀后播种。

（2）整地及播种　在华北地区，于 3 月下旬播种。在其他地区可相应提前或延后播种。每 667 平方米播种 1.5 万～2 万粒，可成苗 1 万株以上。一般每 667 平方米的用种量约 75 千克，特别好的种子只用 50 千克。

育苗地要选择背风向阳、排水良好的沙质壤土地。不适宜在盐碱地育苗。苗圃切忌连作，以防发生根瘤病和生理性病害。经施肥、整地、做畦、灌水和耙平后播种。一般行距 50～60 厘米、株距 10～15 厘米。出苗后要加强管理，并及早除去苗干基部 10厘米以下的分枝（副梢）。这样苗木粗壮，嫁接部位光滑，可当年嫁接。

（3）"三当苗"的培养　"三当苗"即当年育砧木苗、当年嫁接、当年出圃的苗木。培育"三当苗"的方法是当年 3 月上中旬，将沙藏层积好的毛桃、山桃种，采用大垄双行播种，或宽窄行带状畦播，宽行距 40～50 厘米、窄行距 10 厘米，每畦 4～6 行，行的种子间距 5～8 厘米（点播）。播后覆上地膜。5 月底至 6 月中旬，当砧木苗粗 0.5 厘米以上时，在离地面 3～4 厘米处进行嵌芽接。由于这时砧木和接穗都很嫩、皮很薄，不宜用"T"字形芽接，而用嵌芽接则容易操作。需要注意的是，在嫁接前 7 天，要对砧木苗追施 1 次速效氮肥，以促进树液流动，提高嫁接成活率。嫁接后不剪砧。嫁接后 8～10 天，待接芽愈合成活后，在芽的上方 2～3 厘米处折砧，将砧木木质部半折断，树皮不要断开，使枝条失去顶端优势，叶片制造的光合产物可以供接芽的生长。如果不是折砧，而是在接芽前剪砧，则会使接芽和砧木一起枯死。在接芽前 2～3 厘米处折砧后，接芽萌发并抽出 10～15 厘米长新梢时，部分叶片已经进入功能期，即有足够的光合产物，这时再从接芽上方约 0.5 厘米处剪断砧木，结合增施速效肥料，抹除砧芽，及时防治病虫害。当年苗木即可生长到 60～80 厘米高，形成比较理想的壮苗，即能出圃。

（4）嫁接苗的圃内整形 砧木苗在苗圃中的数量应适当少一些，每 667 平方米约 5000 株。嫁接时间在 8 月中下旬。这时砧木生长很快，形成层活跃、接穗也多，双方都易离皮，适合进行不带木质部的"T"字形芽接。接后为了防止雨水浸入并便于操作，在用塑料条捆绑时，不必露出芽和叶柄，可以从下而上地将接口部位全部绑起来。接后不剪砧。要注意为了不刺激接芽萌发，在砧木切横刀时要浅一些，不要过多地伤木质部。这样就不会萌发。

到翌年春天，在接芽前 0.5 厘米处剪砧，并除去塑料条。当嫁接苗长到 60～80 厘米高时，应及时摘心，以促进生长副梢分枝及加粗二次梢生长，利用二次梢作骨干枝。摘心工作要求在 6 月下旬以前完成。如过晚摘心，则再抽生的副梢成熟不好。摘心后，在摘心处下方留出了个不同方向的副梢，将其培养成三大主枝。在整形带以下的副梢，要全部抹除。在 60～80 厘米的整形带内，也可以留 3 个以上的副梢，待苗木定植后可以选留合适的主枝。

这种方法对培养优质苗非常重要，可使果园提早成形和结果。如果不摘心、不培养分枝，由于桃苗生长旺盛，苗木出圃时可高达 100～150 厘米，主干上的整形带内分枝很弱，不能作为骨干枝，而主干又太高，定植时还需重新定干，这就延长了幼树成形的时间。所以，桃苗在圃内整形是培养早成形、早结果、早丰产嫁接苗的有效措施。

桃芽接过早，如在 8 月上旬前，此期正处于砧木快速生长阶段，嫁接处砧木的愈伤组织生长快，易包裹接芽，影响翌年萌发，因此，要及早解除塑料绑条或推迟到 8 月中旬至 9 月中旬芽接。

3. 桃的高接换种

对于野生的山桃和毛桃，以及市场滞销的桃品种，可以采用高接换种的方法，将其改造成市场上畅销的优良品种。

改造时的嫁接方法是采用多头高接法。春季枝接的最佳时期，是砧木芽萌动而又尚未展叶的时期。接穗要事先进行蜡封，并要求比较粗壮充实；不宜用髓心大的细弱中短果枝，而宜用徒长性果枝或长果枝。嫁接时可采用插皮接。如果砧木接口较大，也可用袋接法进行嫁接，因为山桃和桃树皮韧性强，不容易破裂。进行袋接的效果也很好。一般以接口较小为宜，接后用塑料条捆绑。对于大砧木，接口可能较大，要插 2 个以上的接穗，接后可套塑料口袋。桃树树龄较大时，结果部位上移，中下部枝条空虚。通过多头高接，可以将树冠压缩，使结果部位下移。同时，对中部空虚的部位，要用皮下腹接法来增加枝条，达到立体结果。这种多头嫁接，也可起到老树更新的作用。

三、杏的嫁接及高接改造

我国杏的地方品种很多，也很杂。有些品种果小、品质差，有些品种不耐储运，也有一些大果类优质品种，但常因授粉不良和晚霜冻害，而引起落花、落果，形成"十年九不收"。近 10 多年来，我国引进了不少欧美杏，特别是自花结实率高的大果杏品种，为改造低产小果杏创造了条件，可以使我国杏的产量和品质，有一个大的提高。同时，我国的仁用杏也有条件快速发展，可以通过山杏的高接换种来加速优良仁用杏品种的发展。

1. 杏树的砧木

杏的砧木有山杏（图 6-17）、东北杏（图 6-18）等。也有用桃、李、梅及杏本砧作砧木的，但用桃作砧木的杏树易患烂根病，梅与杏亲和力弱，成活率低，耐寒力也差。用普通栽培品种作砧木（本砧），苗木变异大、不整齐，根系分枝较少，对土壤适应能力差，抗涝性、抗寒性差，还易发生烂根病等根部病害，开始结果和进入盛果期晚，结果后树势易衰退，结果年限和寿命也相应缩短。

图 6-17　山杏

图 6-18　东北杏

（1）**山杏** 耐干旱，忌潮湿，怕涝。山杏实生苗生长快，接杏成活率高，寿命长，对土壤适应性强，根癌病少。

（2）**东北杏** 东北杏又称辽杏，主要特点是抗寒性强，可提高抗旱和抗寒力，但偶有小脚现象。在内蒙古、东北等地多用作杏的砧木。

2. 砧木苗的培育

育苗用的种核要充分成熟，并要及时采收，一般于秋末冬初进行沙藏，翌年春取出即可播种。播种前，先整地做畦，浇足底水，按行距 30～40 厘米、株距 15～20 厘米开沟点播，播深 3～5 厘米，覆土 3 厘米厚，然后盖地膜增温保湿。山杏种子的粒数为 550～650 粒/千克。每 667 平方米用种量为 20～25 千克，出苗 1 万株左右，嫁接成活苗为 8000 株左右，可培养壮苗。

3. 生长季芽接

6～9 月均可进行芽接，只要接芽充实饱满，砧木已够嫁接的粗度并离皮即可。但是为了嫁接后接芽在当年不萌发，能安全越冬，嫁接时期要在砧木能离皮的情况下，尽量晚一些。杏的芽接有一个特点，就是伤口容易流胶，流胶即影响嫁接的成活率。为了克服流胶的不利影响，嫁接时要注意，一是要避免雨天嫁接，嫁接最好在雨季以后进行，北方地区可到 8 月中下旬进行；二是嫁接时不要刀口过多地切伤木质部，如"T"字形芽接时，上面一横刀不要切得过深，可减少流胶；三是用塑料条包扎时，要露出芽和叶柄，以免接口不通气，湿度过大。用以上方法进行嫁接杏苗，一般可克服流胶的不利影响，获得很高的成活率。

杏树芽接，可采用"T"字形接法和嵌芽接，接后不要剪砧，到翌年芽萌发之前，在接口上 0.5 厘米处剪砧，促进接芽萌发。再培养 1 年后，就能形成壮苗出圃。

4. 春季枝接

在杏苗圃地进行春季枝接，速度也很快，成活率也很高。如果砧木和接穗基本一样粗细，嫁接时可采用劈接法，接穗要进行蜡封。接后用塑料条捆紧，可保证砧木和接穗紧密相接。对于较大的砧木，也可以用切接法进行嫁接。

5. 多头高接改换品种

（1）**需要换种的类型** 目前，生产上有 3 类砧木迫切需要改造。一是山区自然生长的山杏。这些山杏一般成片生长在干旱的山坡和沟谷中。山杏有少量的收益，主要是苦杏仁。可以将其接成优质仁用杏。仁用杏抗旱性和抗寒性也很强，产量高，品质好，是我国传统的出口物资，还是很好的防癌保健品，市场供不应求。二是品质差的劣种杏树。我国现有的杏品种大多数很酸，且不耐储运。市场上价格低，不受欢迎。对这类杏品种，应尽快改接优质鲜食杏。三是花期自花授粉能力差，需要异花授粉。由于杏花开放在早春，常遇晚霜和寒冷大风的气候，因而造成坐果率低，"十年九不收"是一个大问题。对于这一类杏品种，可以用多头高接法来改换成金太阳和凯特杏等自花结实优良品种，以确保优质、丰产和稳产。

（2）**高接换种的方法** 对于大的砧木，一定要用多头高接法进行换种，掌握接口直径以 2～3 厘米为宜。接口过大，虽然每棵树嫁接的工作量小，但是接口不易愈合，同时使大树改成小树，树冠比失去平衡，会引起树势衰弱。通过多头高接，接口较小，愈合良好，同时枝叶茂盛，根冠比合适，而且每个接口的生长量可减少，不易被风吹折。如 10 年生杏树可接 20 个头左右，成活后 1 年可恢复树冠，第二年可正常结果，第三年可大量结果，达到丰产稳产。

嫁接前接穗要蜡封。一般在树液流动、砧木芽萌动时嫁接。嫁接方法可用插皮接，接后用塑料条将接口捆严。对于大树内膛缺枝者，可用皮下腹接来增加枝量，达到立体结果的目的。

对杏树用蜡封接穗进行春季嫁接，成活率很高，大面积嫁接成活率在 98% 以上。但是要注意提高保存率，这主要是防止风折。解决的方法是及时立支柱，对新梢进行捆绑和固定，另外，在多头高接分散营养的基础上，对新梢要进行摘心，控制徒长，提早生长副梢结果。

四、李的嫁接育苗与高接换种

李是世界上分布和栽培非常广泛的落叶果树。我国是李生产大国，面积和产量都居世界首位。但在生产上仍停留在小范围的自产自销，在品种上优良品种少，单位面积产量低，果实偏小。近十几年，从国外引进一批优良李品种，在各地表现良好。要发展李的优良品种，改造劣质品种的李树，嫁接育苗和高接换种起着决定性的作用。因此，进行嫁接是实现李品种化的快捷之路。

1. 常用砧木

（1）杏　杏砧包括山杏，与中国李和欧美李嫁接均易成活，嫁接后生长良好。杏砧抗寒力强，耐旱。砧木可用种子繁殖，根蘖少。嫁接树寿命比桃砧长。缺点是抗涝性差。

（2）毛桃与山桃　与中国李的嫁接亲和力强，与欧洲李嫁接亲和力较差。嫁接成活后生长快，可早结果，早丰产，果大质优，但寿命不如杏砧和李砧长。毛桃砧的抗寒、抗旱力较山桃差，山桃砧抗湿耐涝力比毛桃砧差。

（3）中国李（图6-19）　嫁接亲和力强，接后生长良好，寿命长。适宜在比较黏重而低湿土壤上种植，也适宜温暖湿润的地区栽培。对根瘤病抗性较强。抗旱性较弱。结果一般偏小，味较酸，品质不如毛桃砧。

（4）毛樱桃（图6-20）　毛樱桃是中国李系统李树的良好砧木，对嫁接李树有明显的矮化作用。能使嫁接树早结果、丰产、稳产。无早衰现象。毛樱桃砧能够促进李树花束状果枝的形成，提高李树的坐果率，为丰产、稳产打下基础。但抗旱、抗涝性差，嫁接后李果实较小。

2. 嫁接育苗

（1）砧木苗的培育　砧木种子要从生长健壮、丰产、稳产、品

图 6-19　中国李

图 6-20　毛樱桃

质优良、无病虫害的母树上待种子充分成熟后采集。将种子从果实中取出后，要适当晾干。种子在越冬前要进行沙藏，春季气温回升，当种子有 1/3 露白时，即可以起出种子来播种。

苗圃选择较肥沃的沙壤土地，切忌重茬。选址后进行整地、施肥、灌水、做畦或做垄。做垄时，两垄之间的距离一般为 80 厘米。垄背上先开沟，两条沟相距 20 厘米。进行条播后，覆土厚度一般为种子横径的 2～3 倍。每 667 平方米的播种量，山桃和毛桃为 75

千克、山杏为 50 千克、毛樱桃为 5 千克。播种后覆盖地膜。垄播容易盖地膜。也可以利用宽窄行进行播种，嫁接时人在宽行内便于操作，而每 667 平方米面积的出苗量不减少。出苗后，要除去地膜，加强肥水管理。在嫁接前 1 个月，要将砧木基部的分枝和叶片抹除，使芽接处茎干保持光滑，以便于嫁接。

(2) 培育"三当苗" 为了培育当年播种、当年嫁接、当年出圃的"三当苗"，必须做到"四早"，即早播种、早出苗、早嫁接和早萌发。具体操作方法是，早春播种已层积开始发芽的种子，并覆盖地膜，可出早苗。出苗后要中耕，保持土壤疏松，促进砧木根系生长。待苗高 6 厘米左右时，进行追肥，追肥以氮肥为主，配合磷、钾肥。及时灌水和中耕，待苗高 20 厘米时，进行摘心，并将距地面 6 厘米以下的芽全部抹除，以促进加粗生长。6 月中旬，砧木粗度达 0.5 厘米以上时，进行嵌芽接。接后用塑料条捆绑时，要露出芽和叶柄。约过 10 天，即全部愈合后，在接芽上方 1 厘米处刻伤砧木，深入木质部的 1/3 后折砧。当接芽萌发长出 5～7 片叶时，再将其上砧木全部剪断。到秋后，长至 50 厘米以上高时即可出圃。

(3) 壮苗的嫁接和培养 幼苗嫁接的时间在 8 月中下旬，一般雨季以后，砧木和接穗都能离皮时嫁接。嫁接方法可采用"T"字形芽接，也可采用嵌芽接。接后，用塑料条从下而上地将嫁接部位全部缠绕起来。接芽当年不萌发。到翌年早春，在接芽上 0.5 厘米处剪断，并除去塑料条，促进萌发，选留一个芽条生长，将其余的抹除。以后加强田间管理，到秋后可形成壮苗。

3. 高接换种

对于野生的山杏、山桃和毛桃的大树，都可以进行高接换种，改接成李树。另外，由于近十几年来引进不少优良李品种，对市场不畅销品种的李树，也可以进行高接换种。

对大树进行多头高接，接口直径最好在 2～3 厘米。接穗要预先蜡封好。嫁接方法可采用插皮接。每个头接 1 个接穗，然后用塑料条捆紧绑严。如果接口大，需接 2 个以上的接穗，接后用塑料条捆绑嫁接部位，再套上塑料口袋。接芽萌发后，先在塑料袋上剪一小口通气，待接穗长大后再将塑料口袋去除。

采用多头高接换种，第一年可以恢复树冠，少量结果，第三年可以大量结果。

五、葡萄的嫁接育苗与高接换种

葡萄具有结果早、生产周期短、产量高和效益好的特点。葡萄除鲜食制干外，又是制造葡萄酒的原料，市场需求量大。在国际上葡萄的栽培面积和产量仅次于柑橘，居第二位。目前，我国葡萄栽培面积相对还比较小，有必要适当加以扩大。同时，要对现有的品种进行嫁接换种。在鲜食品种方面，重点要发展无核、大粒、硬肉和耐储运的品种，并要重点发展优质的酿酒品种。在发展葡萄新优品种，改造原有落后品种的过程中，葡萄嫁接起着必由之路的作用。

1. 砧木品种

葡萄砧木多用适应性强、与栽培品种嫁接亲和力好的栽培葡萄品种或野生资源，用扦插法繁殖，然后再在其上嫁接栽培品种。

（1）山葡萄（图 6-21） 极抗寒，扦插较难生根，需用生根素进行处理，嫁接亲和力好。主要在东北地区应用。

（2）贝达 抗寒，结果早，扦插易生根，嫁接亲和力良好，在东北、河北、山东等地应用较多。

其他还可利用当地适应性强的栽培品种作为砧木，如北醇（图6-22）、巨峰、龙眼、玫瑰香等。

2. 接穗的采集

硬枝接选用成熟良好的节间短、节部膨大、粗壮、较圆的 1 年生枝蔓作为接穗，粗度以 0.5～1.5 厘米为宜。要求枝蔓髓心小、不超过枝条横截面的 1/3，横隔为绿色，且表现出品种特有色泽的

图 6-21　山葡萄

图 6-22　北醇

枝蔓。

　　嫩枝接选用半木质化的新梢（或副梢）作为接穗。在新梢或副梢上，选取从幼叶直径为成龄叶直径的 1/3 处至近成龄叶这段半木质化的新梢枝段。枝条不能过嫩，以能削成楔形并顺利插入砧木为宜，也不能成熟过老，以削面髓心略见一点白，其余部分呈鲜绿色，木质部和皮层界线很难分清为好。若木质部呈白色，可明显分清白色的木质部和绿色的皮层，表明其半木质化稍过，不宜作嫩枝接的接穗，但可用作芽接的接穗。

芽接的接穗选用着生较小副梢节位上的芽，以免芽片上有较大的孔洞，影响成活。采下的接穗只留 1.5 厘米长的叶柄，并在清水中浸泡 1 小时，以利于取芽。

采集接穗前 5～7 天需对采穗新梢轻轻打去先端小嫩尖，以促进嫩梢半木质化。

3. 嫁接方法

（1）**室内嫁接**　葡萄春季伤流严重，嫁接时要避开伤流的时期或采取避免伤流的措施。冬季室内嫁接，多采用舌接法，将接穗和砧木截成 2～3 个芽的枝段，嫁接在一起或采用带根的砧木苗进行嫁接，然后置于 20～25℃温室或温床上进行加温处理，以促使接口愈合和砧木生根。

（2）**根接换头**　春季出土前，一般为 3 月中旬至 4 月上旬，嫁接方法多采用劈接法。嫁接时，先将根颈部周围的土扒开，将地上部从根颈部位剪除。采用劈接法，嫁接时用塑料绳或麻绳在嫁接部位绑紧，以使砧、穗接合牢固，为了避免伤流的影响，不要包严，

图 6-23　包纸

图 6-24　埋土、铺地膜

在接口下部留下空隙，用柔软的卫生纸包扎嫁接口和接穗（图6-23），然后埋土铺膜（图6-24），露出接芽。5～6月解除绑缚物，再次用土埋好，并立支柱，进行主、副梢摘心，去卷须。

（3）葡萄嫩枝嫁接 多采用嫩枝劈接法，嫩枝接的最适温度为15～20℃，在砧木和接穗均稍木质化或半木质化时进行，一般从5月中旬至7月上旬，最适期在葡萄开花前半个月至花期，这时正处于新梢第一次生长高峰期，也是新梢生长最活跃的时期，过早气温低，过晚嫁接萌发的新梢成熟度不够，影响越冬（图6-25）。

嫁接时，将作为接穗的新梢在每一节上方2厘米处断开，放在盛有凉水的盆中，然后用嫩枝劈接法嫁接。包扎时将塑料条从砧木切口最下端开始缠绑，由下往上缠绕，至接口时继续向上，绕过接芽到接穗上剪口，将上剪口包严后再反转向下，在叶柄上打结，只将叶柄、接芽裸露，其余部分全部用塑料条包严（图6-26），成活后叶柄脱落而自动解绑。或将接口绑紧，然后套上一个塑料袋。套袋法特别适于接穗较嫩不宜包扎时，同时套袋还可以提高接口温度。

图 6-25 嫩枝嫁接

图 6-26 嫩枝嫁接绑缚

嫁接过程中应注意的问题：葡萄的枝条不是圆的，而是不正的方形，有四个面，即背面、腹面、沟面和平面（图6-27）。葡萄枝条有平面的横极性和斜面的先端性。无论砧木或接穗的顶端或基端，在断面的不同部位愈合组织的形成过程各异。如果断面与枝条垂直而不具倾斜的角度时，在葡萄枝条的断面上腹面最先发生愈合组织，其次顺序为背面、平面与沟面，这就是平面的横极性。因为腹面组织发达，含营养物质较多，所以形成愈合组织也快。嫁接时要注意枝条的极性，切削斜面的尖端位于葡萄枝条腹面为好。另外，砧、穗接合部位宜置于枝条的腹面。

平面

背面

沟面

腹面

图 6-27　葡萄枝条的横截面

葡萄嫩枝接前 3～5 天对砧木新梢进行摘心，以促进嫩梢半木质化；嫁接前 2～3 天对砧木灌足水，接后还需灌 1 次透水，并及时除掉萌蘖。

4. 高接换种

葡萄植株的特点，一是葡萄植株伤流液多，伤流液主要在芽萌发之前有很多，芽萌发后就很少了，在有叶片的情况下，截断枝条则没有伤流液，所以，嫁接一般不宜在春季芽萌发之前进行；二是葡萄老枝条树皮很薄，也不易离皮，所以不宜用插皮接；三是葡萄芽很大、隆起，一般也不宜用不带木质部的芽接。葡萄高接换种，可采取以下嫁接方法。

（1）老蔓嫁接　对于较大的葡萄要换种。为了节省劳动力和接穗，需要在春季嫁接在老蔓上。同时为了减少伤流的影响，嫁接时期要晚一些，等到展叶后嫁接。在嫁接时要保留一些基部生长的小枝，叫"引水枝"，使根压产生的伤流液通过小叶片蒸发掉，而不影响伤口的嫁接，嫁接前对接穗要进行冷藏。嫁接时接穗不能萌发，应将接穗蜡封后再嫁接。

进行老蔓嫁接，采用劈接法。接口用塑料条捆紧包严。接芽萌发后，要控制"引水枝"的生长。到接穗大量生长后，可将"引水枝"剪除，以免妨碍接穗的进一步生长。

（2）嫩枝嫁接　先将老的葡萄蔓从基部进行更新短截，刺激基部重新发出生长旺盛的新枝。萌芽后，要适当择优选留，抹除过多的萌芽。在5～6月，嫩枝木质化较好时，进行嫩枝劈接。在接口下要留5片叶左右，但要控制叶腋芽的萌发，对萌发的芽及时抹除，以促进接芽的萌发生长。在进行嫩枝多头高接时，每一个新梢都要嫁接接芽。

（3）带木质部芽接　对于比较小的葡萄砧木，以及大砧木嫁接后生长出来的萌蘖，或没有嫁接成活的砧木新梢，都可以实施带木质部芽接。在秋季9月，采用嵌芽接方法进行嫁接。接后用塑料条进行全封闭捆绑，不要剪砧。到初冬埋土前或不埋土地区的冬季，再进行剪砧，剪到接芽前1厘米处，到翌年芽萌发后，保留嫁接芽生长，而将砧木生长的芽全部抹除。

葡萄高接时枝蔓很多，适宜进行多头嫁接，可加速发展优良品种。

六、樱桃的嫁接育苗与高接换种

樱桃在落叶果树中，果实成熟最早，为"春果第一枝"。我国栽培的樱桃，主要有两类：一类是中国樱桃，又称小樱桃，分布在我国各地；另一类是欧洲甜樱桃，又称大樱桃，个头比中国樱桃大几倍，品质好。大樱桃以前主要分布在胶东和辽东半岛。近十几年来，逐步向中原地区发展。

将小樱桃高接成大樱桃，是加速发展樱桃优种、提高经济效益的有效措施。例如，在山东胶东半岛及辽东一带，有中国樱桃树30多万株。中国樱桃果个小，果肉软，供应期集中，不耐储运，风味酸，品质差，经济效益低。将中国樱桃树改接成良种甜樱桃后，可以改变这种状况。据烟台市调查，改接后第三年，每667平方米产值可达6000元，是种植小樱桃所获产值的5～6倍。山东省海阳市，1993～1996年利用中国樱桃改接甜樱桃5.28万株，接后3年平均每667平方米产樱桃418千克；而未改接的中国樱桃，每667平方米产果315千克左右。改接后产量提高了，单位面积产值提高5.3倍。

1. 砧木的种类

甜樱桃扦插不易生根，生产上都采用嫁接繁殖。国内外用作甜樱桃的砧木种类很多，目前我国应用的甜樱桃的砧木主要有中国樱桃、欧洲酸樱桃、考脱（Colt）和马哈利樱桃等。

（1）中国樱桃 中国樱桃通称小樱桃，是我国普遍采用的一种樱桃砧木。北自辽南，南到云、贵、川各省，都有分布，而以山东、江苏、安徽和浙江为多。中国樱桃为小乔木或灌木，分蘖力极强，能自花结实，适应性广，较耐干旱和瘠薄，但不抗涝，根系较浅，须根发达。作为砧木，其所嫁接苗木根系的深浅、固地性的强弱，不同种类之间有所差别。种子数量多，出苗率高，同时扦插也较易生根，嫁接成活率高，进入结果期早。但由于根系浅，遇大风易倒伏。中国樱桃较抗根癌病，但病毒病较严重。目前生产上常用的有以下几种。

① 大叶草樱桃　这是烟台地区常用的一种樱桃嫁接砧木。当地用的草樱桃有两种：一种是大叶草樱，另一种是小叶草樱。大叶草樱叶片大而厚，根系分布较深，毛根较少，粗根多。嫁接甜樱桃后固地性好，长势强，不易倒伏，抗逆性较强，寿命长，是甜樱桃的优良砧木。而小叶草樱叶片小而薄，分枝多，根系浅，毛根多，粗根少。嫁接甜樱桃后，固地性差，长势弱，易倒伏，而且抗逆性差，寿命短，故不宜采用。

② 莱阳矮樱桃　为 20 世纪 80 年代山东省莱阳市林业局对当地中国樱桃资源考察时发现的，主要特点是树体矮小紧凑，仅为普通型樱桃树冠大小的 2/3。树势强健，树姿直立，分枝较多，节间短，叶片大而厚。果实产量高，品质好，当地也用作生产品种。由于其具有矮化特性，因而很适宜在塑料大棚中栽培。用莱阳矮樱桃嫁接甜樱桃，亲和力强，成活率高。1 年生的嫁接苗生长量比较小，有明显的矮化性能，生产上适合于大棚栽培。但目前已发现有的嫁接树树龄不大，就有病毒病症状。所以能否广泛利用，尚需进一步观察。

③ 山樱桃（图 6-28）　又名青肤樱、山豆子。果实极小，没有经济价值，故不作为生产利用的品种。在辽宁本溪、河北北部及山东昆嵛山区，有野生分布的山樱桃。它是辽宁省旅顺大连地区主要利用的樱桃树砧木。山樱桃主要用种子繁殖。硬枝扦插不易生根，嫩枝扦插容易生根。用实生砧嫁接甜樱桃，表现亲和力强，根系发达，抗寒性强，嫁接苗生长势旺，但易感染根癌病。

(2) 毛把酸（图 6-29）　这是欧洲酸樱桃的一个品种，1871 年由美国引入我国烟台，在山东省福山、邹县发展，新疆南部也有栽培。毛把酸种子发芽率高，根系发达，固地性强。实生苗主根粗，细根多，须根少而短。与甜樱桃亲和力强。嫁接树生长健旺，树冠

图 6-28　山樱桃

图 6-29　毛把酸

高大，属乔化砧木。丰产，长寿。不易倒伏，耐寒力强。但在黏性土壤上生长不良，并且容易感染根癌病。

（3）考脱　由英国东茂林试验站 1958 年用欧洲甜樱桃和中国

樱桃杂交发育而成，于 1977 年推出。通过鉴定为无病毒的无性系砧木。嫁接甜樱桃定植后 4～5 年，树冠大小和普通砧木无明显差别，以后随着树龄的增长表现出矮化效应，其生长量与马扎德实生砧木相比，要矮化 20%～30%。目前，它是欧美各国甜樱桃的主要砧木之一。

用考脱嫁接甜樱桃生长结果表现良好，根系十分发达，特别是侧根及须根生长量大，固地性强，较抗旱和耐涝；嫁接亲和力好，成活率高。一般品种接后 3 年即可开花结果，5 年后进入盛果期，6 年生树最高株产量达 27.5 千克，7 年生树达 43 千克。

（4）马哈利樱桃 这是国外几十年前多采用的甜樱桃的砧木，在我国大连地区也有应用。根系发达，耐旱。适应性强，种子出苗率高，生长健壮，有矮化作用，结果较早。但在黏土地上表现不良，嫁接亲和力较差，20 年后常表现早衰。

另外，有些地方曾试用欧李及毛樱桃作砧木嫁接甜樱桃，结果表明，用欧李嫁接甜樱桃能成活，表现极矮化，但寿命短。用毛樱桃作砧木嫁接甜樱桃，成活率低，接活后 2～3 年即逐渐死亡。因此生产上不能采用。

2. 砧木培养与嫁接育苗

（1）砧木培育

① 实生育苗 中国樱桃、山樱桃、毛把酸和马哈利樱桃都可以用种子繁殖。育苗时都需要进行冬季沙藏，催芽播种，以后进行苗圃地嫁接。实生育苗有繁殖容易、繁殖系数高、砧木根系比较发达等优点。但因种性不统一而变异性大，还常有病毒病，嫁接苗定植后有逐年不同程度的死苗现象。目前，为了提高樱桃苗木的质量，砧木大多采用无性繁殖，然后进行嫁接，能得到遗传性一致的樱桃苗。

② 压条和分株育苗 各类樱桃砧木在母树基部靠近地面处，都能萌生出很多萌蘖苗，可以将这些萌蘖苗进行压条。其方法是在 6 月根际苗长到 0.5 米左右高时，在根际周围呈放射状开沟，将萌

条压倒在沟内，然后在苗条上面培土，保留苗端30厘米长露在外面，使顶芽和叶片继续生长。压土部位可以生根。一般到翌年春季芽萌发前刨出，集中到苗圃进行培养。这种方法能保持母株特性，做到就地取材。其缺点是不宜大量育苗，植株整齐度较差。

③ 栽苗压条育苗　早春整地，按行距60～70厘米开沟，沟深20厘米、宽20厘米，将1年生砧木苗栽在沟底，然后将苗呈45°角栽沟内，株距大致等于苗高。栽后踏实，并浇足底水。砧木苗成活后，全株萌发，抽出新梢。当新梢高度达10厘米时，将苗压倒，固定在沟内，按10～15厘米厚的株距，适当疏去一些新梢。然后覆土厚约2厘米。待新梢长高后再加覆土。经过3～4次覆土后，每株新梢基部都能长出新根，到秋后可以起苗，也可以在苗圃进行嫁接。

④ 扦插育苗　扦插育苗有2种：一是硬枝扦插，即利用1～2年生的休眠枝，在春季扦插；二是嫩枝扦插，即利用半木质化带叶的新梢，进行扦插。对于容易生根的种类，可以进行硬枝扦插。生根较困难的树种，硬枝扦插一般不易成功，可以进行嫩枝扦插。

(2) 苗木嫁接　根据苗圃砧木的生长情况和要求出圃的时期，可选用以下3个时期，采用不同的嫁接方法，进行苗木的嫁接培育。

① 夏季嫁接　压条分枝和扦插的砧木苗一般都比较小，当年不能嫁接。到翌年夏季可以进行嫁接。具体的时间主要在6月中旬至7月上旬。这时接穗开始木质化，可以剥取芽片；砧木也已生长到一定的粗度，完全可以进行嫁接。一般可实施方块芽接。采用这种方法，削取芽片大，双方形成层接触面宽，嫁接后容易成活，并且成活后容易萌发。

夏季嫁接后先不剪砧，而是对砧木进行摘心，控制生长。这样做可以利用接芽以上砧木叶片所制造的有机养分，来促进愈伤组织的生长和双方的愈合。嫁接10天后，在接芽上方1厘米处，将砧木剪断1/3并反折，使木质部和韧皮部还连着，折砧后可促进接芽萌发。待接芽长到约 10 厘米高时，再将砧木折连处全部剪断，以促进接穗生长。此后接穗能生长 3 个月，达到当年出圃的苗木标准。

②秋季嫁接　主要在 8 月中下旬至 9 月上旬进行。这时嫁接生长充实，数量多，同时也容易剥取芽片。有些砧木在夏季嫁接时粗度不够，而到 8 月下旬则长到了所需的粗度。这时北方雨季已过，秋高气爽，芽接成活率高。秋季嫁接，可采用"T"字形芽接法实施。由于樱桃接穗经常有些弯曲，芽有些凸起，所取芽片如果过小则与砧木接触面小而影响嫁接成活。所以用"T"字形芽接时，芽片要尽量切削得大一些。这样在接芽隆起的情况下，接触面还比较大，不至于影响成活。

由于樱桃砧木和杏树一样，比较容易流胶，因此在用塑料条捆绑嫁接部位时，要把芽和叶柄露出来。如果全封闭捆绑，流胶能浸入芽中，使芽变黑，芽在翌年就不能萌发。由于嫁接时期较晚，接后当年不萌发。到翌年早春，在接芽以上 0.5 厘米处剪砧，并除去塑料条。再生长 1 年，就可形成 2 年根 1 年苗的壮苗。

③春季嫁接　如果苗圃砧木第一年因种种原因而生长缓慢，秋季嫁接时粗度不够，可继续进行培养，到翌年再嫁接。也有的秋季芽接没有成活，可以到翌年春季补接。

春季嫁接主要在 3 月，砧木芽萌发之前进行。嫁接方法可采用嵌芽接。嫁接后即在接芽上部 1 厘米处剪砧，使芽有顶端优势促进萌发。春季嫁接也可以用枝接法，但没有芽接快。对于砧木粗壮的，可以用枝接。嫁接前需要对接穗进行蜡封。嫁接时可采用切接法进行操作。嫁接成活后，嫁接苗生长 1 年，可形成 2 年根 1 年苗的壮苗。

3. 大树多头高接

我国小樱桃分布很广，可以充分利用现有的小樱桃资源，可将小樱桃嫁接成大樱桃。这虽然在开头的 1～2 年影响收入，但第三年就可大量结果，产值可提高 5 倍以上。

（1）**接穗的选择与储藏** 要选用1年生甜樱桃发育枝作接穗。要求节间较短，生长充实，髓心要小，不能用细弱的结果枝作接穗。樱桃枝条上的芽很容易萌发，如果储藏在5℃左右的温度环境中，在湿度大的情况下，芽就能萌动然后膨大。如果在10℃的温度条件下，湿度高时芽很快就萌发。已经萌发的接穗，不能用于嫁接。因此，在冬季剪下的接穗，必须储藏在特别阴冷的地方。为了使储藏温度降低，可以在初冬选背阳处挖好储藏沟。先不采集接穗，等到严寒时节，才到大樱桃产区采集接穗，并将其储藏在沟内。此时储藏沟四周的土壤温度能达到−5℃或更低，然后用湿沙把接穗埋藏起来，可保证接穗处于低温之中。到翌年春季砧木芽萌动时嫁接，接穗不会萌发。

（2）**多头高接** 由于中国樱桃一般都是大树，改造换种时必须进行多头高接。一般接头数量可与树龄对应，如5年生树可接10个头，10年生树可接20个头，砧木越大，嫁接头数越多。一般嫁接口的粗度以2～3厘米为最好。接口太大，不容易愈合，还特别容易引起各类枝干病害。另外，在高接时，也不宜使接口离树干太远，以免成活后形成外围结果、内膛缺枝。

在嫁接方法上，中等大的接口可用插皮接。每一个头插一个已蜡封的接穗，然后用塑料条将接口捆严，同时固定牢接穗。在进行插皮接时，对于较大的接口，可用比较粗壮的接穗；对于较小的接口，则用比较细而充实的接穗。砧木的裂口比较小，有利于嫁接成活。对于小的接口，可用合接法进行嫁接。合接时，力争使砧木和接穗伤口左右两边的形成层都能对齐。如果不能使两边的形成层对齐，也应使一边的形成层对齐。接后要用塑料条捆绑紧。对于中部缺枝的大树，可用皮下腹接法。进行补枝接口最好用接蜡封严。

嫁接后的管理，要特别注意做好除蘖工作。因为高接换种时，砧木地上部分留得比较多，产生萌蘖也特别多，所以一般要去除4～5次。另外要绑支棍防止风害。为了提早结果，对新梢要进行夏季摘心，以促进花芽的形成。

七、枣的嫁接育苗与高接换种

目前，我国鲜食枣发展最快的是沾化冬枣和梨枣，它们的结果树都是嫁接繁殖的。实践表明，用酸枣嫁接大枣，是发展枣树优良品种的快速途径，也可以利用酸枣自然资源来发展枣良种。另外，对于一些市场销售有困难的制干加工品种，也可以用高接换种的方法加以改造，从而提高其经济效益。

1. 嫁接育苗

枣的砧木有酸枣（图 6-30）、本砧和铜钱树。其中酸枣种子多，发芽率高，嫁接亲和力强。同时嫁接树抗旱、耐寒，生长结果良好。所以酸枣是主要的枣树砧木。

图 6-30　酸枣

（1）酸枣育苗　种子在酸枣果实成熟后采集。将采集的酸枣沤于缸内 3～5 天，使种子吸足水分并清除果肉。然后再将枣核拌上 3～5 倍的湿沙，在向阳的地方挖坑沙藏。如果不沙藏，也可以用机器将晒干的种子破壳。破壳后的种子可直接播种。一般 100 千克酸枣籽可出种仁 7～10 千克，每 667 平方米播种 1.5～2 千克。

苗圃地要便于灌溉，土壤要肥沃疏松，先施肥灌水做畦。播种前先开沟，种后覆土 2 厘米厚，然后盖地膜。出苗后除去地膜，并进行间苗，每 667 平方米保留 5000 株。间苗后加强田间管理，培养壮苗。

（2）**用根蘖苗作砧木**　在枣产区有很多根蘖苗，可以利用根蘖苗作砧木，进行嫁接育苗。但根蘖很分散，生长大小不一致，直接嫁接不方便，同时根蘖苗连着枣树大根，须根较少，直接移栽定植成活率较低。所以需进行归圃育苗。将根蘖苗挖出后，先集中栽植到苗圃内，促进生长，然后再嫁接。

归圃育苗先要整地和施肥，其方法和播种育苗相同。在枣产区选用 30～50 厘米高的散生小枣苗，起苗时要保留完整的根系，要随起苗、随蘸泥浆、随运输。苗木运回后要储放在潮湿、阴冷的窖内。起苗和栽植一般在春季枣树芽萌发前进行。为了使苗木生长整齐一致，根蘖苗要进行分级，将同样大小的苗栽在一起。栽植时行距 60 厘米、株距 20 厘米，每 667 平方米栽 5558 株，要求嫁接后成苗 5000 株。

栽后平茬，即将地上部分剪除，保留根颈上部 1～2 个芽，然后浇水，水渗下后盖地膜。出芽后即行人工破膜，使苗露出到地膜外边，然后用土将小苗周围的薄膜压好，以防水分蒸发。在萌发生长时，通常长出几个芽，因而要进行抹芽，使每一株只留 1 个生长最旺的芽，其他的要及时抹去，以促进根系的水分营养集中到 1 个芽上，形成粗壮的主干。要及时追肥浇水，松土除草，防治病虫害，促进归圃苗快速生长。

归圃育苗的枣苗，比用酸枣种子育苗生长快，一般到秋季能长到足够的高度和粗度，即可以进行芽接。

（3）**接穗准备**　枣树嫁接不同于其他果树的嫁接。一般果树（核桃除外）几乎所有的枝条都可以作接穗，而枣树只有枣头枝（包括少量粗壮的二次枝）可以作接穗（图 6-31），因此接穗数量

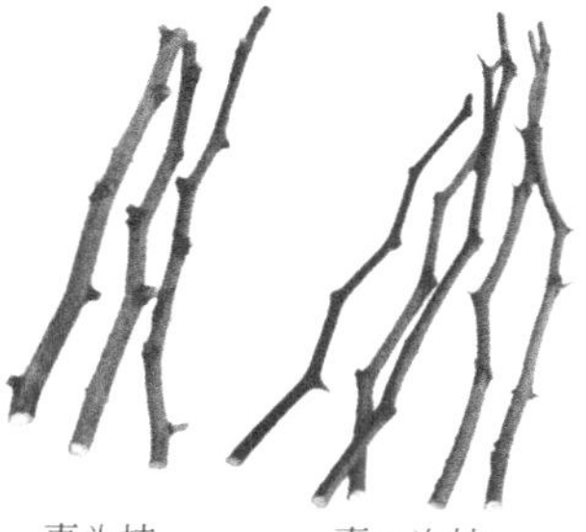

枣头枝　　枣二次枝
图 6-31　枣春季枝接
可用接穗

有限。同时，分散的枣头枝采穗很费工。为了集中培养接穗，在大量嫁接时要建立优良品种的采穗圃。

采集接穗在春、夏两季进行。春季萌芽前，即将所有发育枝剪下，每枝基部留1～2个侧生主芽，以使其萌发成新的发育枝，每一个发育枝，包括中央枝和二次枝粗壮部分，可出接穗30个左右，每棵树可出100多个接穗。8月进行嫁接，主要利用生长势强的二次枝作接穗。

（4）秋季芽接 当砧木长到铅笔粗时，可在8～9月进行芽接。芽接有两种方式，一是不带木质部的芽接，通常在8月进行，二是带木质部的芽接，可适当晚一些。

① 不带木质部的"T"字形芽接 枣树的芽接与一般果树的芽接不同。这主要是因为枣头枝上有二次枝，枣头枝上的芽生长在二次枝的下方，所以取芽时在芽的上方只能保留约0.2厘米的砧木，芽的左右和下面要适当多留，使芽片不会过小。芽片大一些，接穗含营养多，同时和砧木接触面大，容易成活。枣树的芽一般都不饱满，嫁接当年不萌发。所以为了防止雨水浸入，缠塑料条时可将接芽封严，使芽不露出。这种方法速度快，嫁接成活率高。

图6-32 枣带木质部
"T"字形芽接

嫁接后不要剪砧，以免刺激芽的萌发。到翌年春季芽萌发之前，在接芽上端0.5厘米处剪砧，同时除去塑料条，以促进接芽萌发。

② 带木质部芽接 枣树用"T"字形芽接时，为了切削方便，接芽可以带木质部（图6-32）。在用枣头枝切取接芽时，可以带一小段二次枝，这样连木质部一起切削接穗，插入砧木的"T"字形切口中。采用这种方法，最好选择比较粗壮的砧木，因为切削接穗的芽片比较大。

嵌芽接也是带木质部芽接的一种方法。采用这种方法可以在9月砧木形成层已经不活跃、不离皮时进行嫁接。嫁接后当年不萌发，嫁接时可用塑料条将芽和叶柄全部封住，以防雨水浸入，提高成活率。到翌年春季，将接口以上0.5厘米处砧木剪除，以促进接芽萌发。

③ 春季枝接　春季在苗圃嫁接时，首先要采用蜡封接穗。嫁接时可用切接法，也可以用合接法。

2. 多头高接换种

通过高接换种，可以把其他品种的枣树改造成诸如沾化冬枣等优良品种的枣树。确定高接换种的嫁接部位和嫁接头数，要掌握以下3条原则。

第一，要尽快地恢复树冠，嫁接头数以多些为好。因为嫁接头多，用接穗数也多，使树冠能很快恢复，枝叶茂盛，提早结果，而且丰产稳产。一般嫁接头数可为树龄的2倍，如5年生树可以接10个头，每增加1年可增加2个头。砧木越大，嫁接头数越多。

第二，要考虑到锯口的粗度，通常接口直径在3厘米左右为最好。接口太大就不容易愈合，也会给病虫害造成从伤口侵入的条件，特别容易引起各类茎干腐烂病。另外，对将来新植株的枝干牢固程度也有影响，愈合不良的伤口处容易被风吹断，果实负载量过大时也容易折断。

第三，要考虑到适当省工、省接穗。嫁接头数不宜过多。如嫁接头数过多，则容易引起嫁接部位距离树干较远，形成外围结果，内膛缺枝。

八、核桃的嫁接育苗与高接换种

核桃是我国重要的干果树种，分布广、用途多，经济价值高。但由于无性繁殖比较困难，因此，长期以来沿用实生繁殖，致使良莠混杂，产量低而不稳，从而制约了我国核桃良种化的进程。因此必须通过嫁接，将混杂的种性改造成优良的、商品价值高的品种。

但是由于核桃嫁接以前成活率比较低，严重影响优良品种的推广和发展。目前，核桃嫁接成活率已经有所提高，优种化已经成为核桃生产必然的发展方向。

1. 核桃嫁接的砧木

我国核桃的砧木主要用本砧，用核桃实生苗或实生树作砧木，亲和力强，不耐盐碱，喜深厚土壤和充足的肥水。嫁接后生长势和实生树相似。

2. 苗期嫁接

(1) 砧木苗的培育　育苗以春季播种为好。因为秋播常遇鼠害等危害，影响出苗。播种前要进行沙藏，沙藏的种子，到春季播种前取出备用。

除沙藏外，也可以用水浸催芽法进行处理。此法是将种子放在水缸等容器中浸泡 7 天，每天要换水。等种子吸水膨胀后，捞出放在室外暴晒 2～4 小时，大部分种子缝合线裂开，即可播种。苗圃地要选择较肥沃的沙壤土地。整平后施肥灌水，几天后做畦。畦宽 1 米，播种 2 行，行距 60 厘米，株距 10 厘米。每 667 平方米需种子 100～150 千克，可产苗 6000～8000 株。播种时先开沟。放入种子时，要求种子缝合线与地面垂直，种尖向一侧，这样胚根长出后垂直向下生长，胚芽向上萌出，垂直生长，苗木根颈部平滑垂直，生长势强。如果种子尖朝上或朝下以及缝合线与地面平行，都对出苗生长不利。播后覆土厚一般为 5 厘米左右。

播种后一般 20 天左右种子发芽出土。此后要加强肥水管理，中耕除草，防治病虫害，培养壮苗。

(2) 建立采穗母树和采穗圃　核桃嫁接成活困难的主要原之一是自然生长的优树上没有质量高的接穗。要解决这个问题，只有采用以下两种方法。

① 培养采穗母树　对于确定的优良母树，要进行重剪，刺激它发生优质粗壮的发育枝，修剪时期，要在春季萌芽至展叶期。如

果过早，则有伤流液，过晚，则会消耗过量的营养，从而削弱树势。通过重修剪，将结果枝全部压缩，回缩到3年生枝上。在连年利用的采穗树上，基部要留一短桩，以利于分枝，使枝条分布均匀。每年不结果，只生长旺枝。同时，要加强肥水管理，促进生长旺盛。

②建立采穗圃　将嫁接成活的优种苗集中种在一起，一般行距为2～3米、株距为1～2米，每年进行剪接穗，不使其结果。因为幼苗和生长接穗的幼树，发育枝生长充实，髓心很小，枝条直，芽也比较小，同时芽的部位不隆起。这种枝条作为芽接的接穗最为合理，用作春季枝接也合适。

采穗圃以大量生产品种纯正的优质接穗为目的。定植前，苗圃地必须精细整地，施足基肥。建圃一定要用优良品种的嫁接苗。一般定植后第二年，每株可采接穗1～2根，第三年可采3～5根，第四年可采8～10根。

（3）苗圃嫁接

①6月芽接　砧木播种后到翌年春季进行平茬，砧木从根颈部重新萌芽，在几个萌芽中保留生长旺盛的一个芽生成。当生长到6月，枝条已经半木质，粗度和接穗相当时，可以嫁接。接穗采自采穗圃或采穗母树，选用木质化较好、枝条直、芽较小、生长充实的发育枝。嫁接方法可用环状芽接。嫁接后不要剪砧，只要对正在生长的砧木进行摘心，控制生长，保留砧木的叶片，有利于伤口的愈合。嫁接后15天左右，砧木和接穗完全愈合，接芽开始膨大。这时可将接芽以上的砧木剪除，以促进接芽的萌发。同时，对砧木的萌芽要全部抹除，以使接穗生长加快，达到当年嫁接当年成苗的目的。

②8月芽接　当年播种育苗，如果加强管理，到8月中下旬砧木比较粗壮时，就可以进行嫁接。接穗采自采穗圃或采穗母树，最好随采随接。嫁接方法可采用方块芽接或双开门芽接。这两种方法，砧、穗双方的接触面比较大，容易成活。但相比环状芽接接触

面小，所以接后芽不容易萌发。嫁接后不剪砧，也不摘心，不影响砧木的生长，可保证接芽不萌发，以利于安全越冬。到翌年春季，在接芽以上1厘米处剪砧，并抹除砧木的萌芽，以促进接穗生长。到秋后，可培养成良种优质苗木。

③ 春季嫁接　当年播种，如果到8月尚不够嫁接的标准，可以到翌年春季进行枝接。对于2～3年生较大的砧木，也适宜春季枝接。接穗要从采穗或采穗母树采集。一般在冬初剪接穗，冬季进行储藏，在嫁接前要进行蜡封。核桃砧木在截断进行嫁接时，伤口一般流出伤流液。大树伤流液比较多，而小苗伤流液较少。为了控制在苗圃嫁接时核桃砧木的伤流液，核桃苗圃春季不要灌水，在相当干旱时，砧木截断后便没有伤流液。也可以在嫁接前挖断砧木的部分根，通过减少根系对水分的吸收来控制伤流液。嫁接方法可采用切接法或劈接法。接后用塑料条捆绑，嫁接成活后，要及时除蘖，加强管理，到秋后，嫁接苗可培养成优质苗木。

3. 大树高接换种

由于以前主要是用实生繁殖核桃，因而使后代的产量、品质等遗传特性表现极不一致，其中有不少夹皮核桃、厚壳核桃等劣种，需要进行换种。另外，为了野生资源的利用和改造，如核桃楸、野核桃和铁核桃可用来嫁接核桃。对于大砧木都需要进行多头高接。

对于大砧木，一般可用劈接法，接口小的可用合接法。由于接穗比较粗，一般不宜用插皮接。核桃嫁接成活后生长旺盛，叶片大，容易被风吹折。因此，嫁接要采用多头高接，接口多，加上及时摘心，可以减少每个头的生长量。同时，采用劈接法和合接法，也不易被风吹断。

核桃的嫁接成活率较低，其原因是核桃的枝条髓心大，叶痕突起（图6-33），取芽困难；芽内维管束容易脱落（图6-34）；枝条的形成层薄，韧皮部与木质部分离时形成层细胞多附在韧皮部上；树体内单宁含量高，切面易氧化而形成隔离，愈伤组织形成得慢；具有伤流的特点，在休眠期更为严重。为此在嫁接时应注意以下问题。

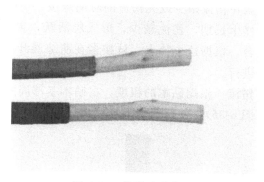

图 6-33　核桃叶痕突起

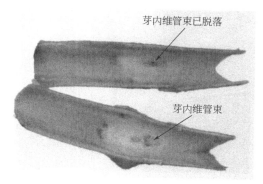

芽内维管束已脱落

芽内维管束

图 6-34　核桃芽内维管束脱落

（1）**采集接穗**　核桃接穗的采集时期，因嫁接方法不同而异。硬枝嫁接所用的接穗，从核桃落叶后至翌年春萌芽前均可采集。因各个地区气候条件不同，采集的具体时间亦有所不同，冬季抽条严重和冬季及早春枝条易受冻害的地区，应在秋末冬初采穗；冬季抽条和寒害轻微的地区，可在春季萌芽前采集。芽接所用接穗多在夏季随用随采，如需短暂储藏或运输时，应采取保护措施，但储藏时间一般不超过 4～5 天。储藏时间越长，成活率越低。

（2）**选择适宜的嫁接时期**　在土壤解冻、砧木根系开始活动后，核桃的伤流严重，会影响愈伤组织形成，此时进行嫁接很难成活。因此，应当在伤流很少或无伤流的时期嫁接，一般砧木在萌芽展叶之后，旺盛生长期，伤流较少，形成层活跃，生理活动旺盛，有利于伤口愈合。根据这个特点，枝接多在萌芽展叶期（4月下旬至5月上旬）进行。

（3）引导伤流　根据砧木的粗度，在砧木基部周围刻2～3刀，深达木质部（图6-35），使伤流从刀口流出。

图6-35　核桃接口下刻伤放水

（4）其他　嫁接时削面要平滑，操作要快，包扎要严密。

九、板栗的嫁接

我国的板栗以前多为实生繁殖，后代严重分离。据北京市怀柔区老板栗产区调查，大树株产超过25千克的高产树约占10％，株产低于2.5千克的低产树占30％，还有15％的栗树基本上不结果。从栗子大小来看，坚果极不整齐，有20％的"碎栗子"树栗子很小，同时成熟期各不一致。上述情况说明实生树遗传性状分离极其严重。实生板栗还有一个问题，就是结果晚，一般要10年左右才开始结果。通过嫁接，可以发展成熟期一致、产量高、品质优、商品价值高的板栗新品种，一般 4～5 年生就可大量结果。这对板栗的发展具有重要的意义。

1. 板栗的砧木

用作板栗的砧木有本砧、野板栗等。锥栗、茅栗与栗树的亲和力差，成活率低，不宜在生产上应用。

（1）**板栗**（本砧）　其特点是嫁接亲和力强，生长旺盛，根系发育好，较耐干旱和瘠薄，也抗根头癌肿病。缺点是抗涝性较差。

（2）**野板栗**　是板栗的原生种，分布在长江流域的低山丘陵地带。传统上用野板栗就地嫁接板栗。与板栗嫁接亲和力强，树冠矮化，适于密植。缺点是树势易衰弱，寿命较短，单株产量较低。

2. 苗期嫁接

（1）**砧木育苗**　板栗或野板栗的种子，越冬前需要沙藏在潮湿低温处（0℃左右）。由于板栗种子很容易发芽，所以一定要进行低温控制，到气温达 10℃ 左右时即可播种。

苗圃应选择地势平坦、较肥沃的沙质酸性土壤地，整地前先施肥做畦。一般畦宽 1～1.2 米、长 5～10 米。播种采用纵行条播，行距 30～40 厘米，株距 10～15 厘米，每 667 平方米播种量为 100～150 千克。播种时最好把种子平放，尖端不要朝上或朝下，这样有利于出苗，覆土 3～4 厘米厚。

为了保证土壤的水分供应，在播种前要灌足底水。约 3 天后开沟播种，并适当镇压。出苗后，要加强肥水管理，及时中耕除草和防治病虫害。到秋季或翌年春季即可进行嫁接。

用板栗或野板栗作砧木，也可以直播，将种子直接播种到定植板栗的地方，这样幼苗嫁接成活后就不要再移苗。直播育苗更要注意杂草和病虫害的防治。直播育苗开始生长量较小，当年秋季不能嫁接。过冬前需要平茬，剪去地上部分。翌年春季，从伤口萌出很多芽，要选留一个生长旺盛的新梢，而将其余的芽抹掉。这样由于营养集中，幼苗生长茁壮，到秋季即可以嫁接。

（2）**嫁接方法**　进行板栗苗期嫁接，由于板栗砧木的木质部不呈圆形，而呈齿轮形，若双方形成层不能密切接触，一般难以成活，所以一般采用带木质部芽接法，如嵌芽接。进行嵌芽接的时期，要根据砧木的生长情况而定。如果当年砧木生长快，到秋季下部茎干已经达到或超过筷子的粗度，则可在当年9月嫁接。如果砧木较弱，则需到翌年春季或翌年秋季再进行嵌芽接。除了嵌芽接外，春季嫁接也可以用合接或切接。

秋季嫁接，要求当年芽不萌发，以免冬春季新梢干枯死亡。要使芽不萌发，只要接后不剪砧，接口上部砧木叶全部保留。到翌年春季芽萌发之前，在接芽上部1厘米处剪断，并去除塑料条。对砧木萌生的芽要及时抹除，以促进接芽萌发和生长，春季进行嵌芽接后，要立即将砧木剪断，剪口在接芽上方1厘米处。春季枝接都宜用蜡封接穗，成活后要及时除萌，加强管理。

3. 幼树嫁接

（1）**砧木培养**　从板栗树的生长和结果来看，板栗幼树嫁接的效果比苗期嫁接好。实生园的株行距一般以3～5米为宜。

（2）**多头嫁接**　对于3～5年生的幼树，为了要进一步扩大树冠，达到既提早结果又加速生长的目的，必须进行多头嫁接。多头嫁接的方法有两种，一种是多头芽接，另一种是多头枝接。

①　多头芽接　在秋季后期，一般在9月生长基本停滞时进行。可采用带木质部的嵌芽接，嫁接部位在新梢基部。如果新梢数量不多，而且都比较粗壮，则每一个新梢都进行嫁接，可接10个左右。如果新梢过多，可以只接粗壮的，细弱的不接。嫁接后不剪砧，要求不影响砧木的生长，能安全越冬。翌年春季，在接芽上方1厘米处剪砧，并把塑料条清除，要注意除萌和促进接芽生长。

②　多头枝接　春季进行嫁接时，可采用合接或腹接法。用合接法时，接穗要预先蜡封。可用比较粗壮的接穗，最好和砧木的1年生枝条粗度相当，使合接时左右两边的形成层都能对齐，成活率

很高，并且生长快，结果早。

4. 大树高接换种

由于板栗在华北和南方一些地区，历史上都采用实生繁殖，因此要实现品种化，必须把以前的大栗树，特别是结果习性差的劣种栗树进行高接换种。

（1）**嫁接部位的确定** 在嫁接之前，要确定嫁接的部位和嫁接的头数，可根据以下三条原则来进行。第一，要尽快恢复和扩大树冠，嫁接头数以多一些为好，具体头数一般与树龄成正相关；第二，要考虑锯口的粗度，接口的直径通常以 2～4 厘米为最好；第三，嫁接部位距树体主干不要过远，这就要求嫁接头数不要太多，以免引起内膛缺枝，结果部位外移。

根据以上原则，对尚未结果和刚开始结果的果树，可将接穗嫁接在一级骨干枝上。这样所长出的新梢可以作为主枝和侧枝。在嫁接时，要注意枝条的主从关系。中央干嫁接的高度要高于主枝，使中央干保持优势。对于盛果期的果树，接穗还要接在二级骨干枝上，即主枝、侧枝或副侧枝上，它的大型结果枝也可以嫁接。为了达到树冠圆满紧凑，使嫁接成活后的果树能立体结果，除了对大砧木进行枝头嫁接外，在树体内膛也可用腹接法来补充枝条，或在嫁接后对砧木萌芽适当予以保留，待日后再进行芽接，以补充内膛的枝条数量。

（2）**嫁接方法** 在嫁接方法的选用上，由于高接时常在高空操作，所以要求方法简单，可采用合接法或插皮接法。一般嫁接时期早、砧木不离皮时用合接法；嫁接时期较晚、砧木能离皮时采用插皮接法。嫁接前一定要将接穗蜡封，嫁接时每一个头只接 1 个接穗，然后进行裸穗包扎。个别接口粗的枝条，可接 2 个或多个接穗；若塑料条不便于捆绑，可套塑料口袋。内膛插枝，可用皮下腹接法，接后用塑料条捆绑。砧木粗大的部位，插好接穗后可涂抹接蜡。接蜡不必涂到里面的伤口上，只需要堵住接穗与砧木外面的空隙，控制水分蒸发即可，比绑塑料条方便。由于接穗插入砧木相当厚的树皮中，非常牢固，不需要再捆绑固定。

板栗嫁接不易成活，主要原因是枝条内含有大量的单宁物质，嫁接时要选择适宜的时期；板栗的枝条具有5个凹沟、5个平面，凹沟内集中有维管束。当剥开树皮时枝条木质部有明显的凹沟，芽接时要选在平面处或用替芽接法。

十、柿的嫁接育苗与高接换种

柿树是我国重要的木本粮油植物，是发展山区经济的重要树种。我国是世界产柿大国，但是我国柿树的单位面积产量还低于世界平均水平。我国柿的品种过多、过杂，有不少劣种和低产树，还有一些实生树和山区野生柿树，都需要高接换种，进行改造。

我国柿树主要是涩柿品种，成熟后不能直接食用，必须经过储藏果肉变软后或加工、脱涩后才能食用。目前市场上甜柿深受欢迎。因为甜柿成熟后肉质甜而脆，采下可直接食用。我国的甜柿品种，以前只有一个罗田甜柿，核很多，且品质较差。经过数十年多次从日本和美国引进，现已有了不少甜柿品种，可为今后幼苗发展和高接换种时选用。

1. 柿树的砧木

君迁子（黑枣）（图6-36）是应用最广的柿树砧木，根系发达，适应性强，耐瘠薄，较抗寒，生长快，结果早，与柿树亲和力良好，但多数与富有、次郎柿嫁接亲和力较差。

2. 嫁接育苗

（1）**砧木培养**　采集砧木种子，要求果实完全成熟软化。搓烂果实后用水洗去果肉，即得到种子。把种子放在通风处阴干，储藏在筐内，放在冷凉的地方过冬。到春季播种之前，进行浸种催芽。

图 6-36　君迁子

其方法是将种子放入缸内，然后加入 40℃ 的温水浸种 1 小时，并充分搅拌。自然降温后，再浸种 24 小时。捞出种子后，掺 3～5 倍湿沙，摊在炕上或堆放在温度较高的室内，每天喷 2 次水，一般 10～15 天种子即开始萌发。露出白尖时即可播种。

春季一般在 3 月下旬至 4 月上旬播种。苗圃地应先施肥灌水然后播种。每 667 平方米的播种量为 6～7 千克，可得苗 7000～8000 株。一般可做畦进行条播。畦宽 1.5 米，条播 4 行，开沟 3 厘米深，种后覆土厚约 2 厘米，然后进行地膜覆盖，出苗后打开地膜，按株距 10 厘米进行间苗定苗。要加强肥水管理。一般生长 1 年后嫁接。

（2）嫁接的特点和方法　柿树嫁接比其他果树嫁接要求更严格。由于柿树枝条内含鞣酸类物质，在切面易被氧化变色，形成一隔离膜，阻碍砧木和接穗间愈伤组织的形成和营养物质的流通。因此，必须在双方形成层活动最活跃时期嫁接。这时愈伤组织生长快，可克服鞣酸的不利影响。同时，还要采用砧穗之间接触面大的嫁接方法。

① 春季芽接　在柿树发芽并开始生长期，选用较粗壮的发育枝作接穗。如接穗前端几个芽已萌发，中部及下部的芽还没有萌芽，则利用尚未萌发的芽作接穗。嫁接用的砧木，利用苗圃已培养1年的幼苗。早春要充分灌水，使砧木旺盛生长。

方块芽接是成活率高的方法。可将芽接在比较粗的砧木上。接后用塑料条捆绑时，必须将芽露出来，并将砧木摘心，以控制生长。10天后，双方已经愈合，接芽膨大。此时，再将接芽上部的砧木剪除，以促进接芽萌发。接芽下部的叶片不必除去。当接芽附近砧木萌发时，要及时抹除，以促进接穗的生长。

② 春季枝接　芽接适合于1年生小砧木采用。较大的砧木可采用春季枝接。嫁接时期最好在砧木芽萌动期。这时气温较高，嫁接后双方容易形成愈伤组织，能很快互相愈合。同时砧木也会因芽萌发而消耗养分。嫁接方法的采用，可视砧木的不同大小而不同。较大的砧木，可用插皮接，接穗要蜡封。切削时，接穗只需削一个大削面，前端削尖，插入砧木树皮与木质部之间。接穗背面以不削为好。接后用塑料条包严。不宜采用插皮舌接。较小的砧木，可用切接。接穗要蜡封。接后要用塑料条包严接口。

以上嫁接方法，接穗成活率都很高。只要接后加强管理，秋后或翌年春季就都能培养成壮苗出圃。

除以上嫁接方法外，秋季嫁接用"T"字形芽接法等也可以，但成活率要低一些。

3. 高接换种

对于野生的油柿、实生树、君迁子及一些劣种树，或准备用来发展甜柿等优良品种的现有品种大树，可以进行高接换种。采用多头高接，第二年能恢复树冠，第三年能大量结果，是快速发展良种柿的方法。

嫁接前要采集较粗壮而充实的发育枝作接穗。如果秋后采集，则需进行储藏。也可在早春芽萌动之前采集，然后将接穗蜡封，再放在冷湿的窖内，随接随取随用。

当砧木芽萌动、形成层开始活动时，即可进行嫁接。嫁接的头数依砧木大小而定。其原则和板栗高接换头一样，即多生长1年多接2个头。

嫁接方法的选用，与接口的大小有关。同时，由于高接时空中操作比较困难，因此，嫁接方法应以简便快捷为宜。砧木接口较大的，一般都可以用插皮接。插皮接一般接口插1个接穗，接后容易捆绑。如果插2个以上的接穗，则需用塑料口袋将接穗套起来。砧木接口小的，可用合接法，嫁接速度快，成活率高。对于内膛缺枝的地方，可以用皮下腹接法来增加内膛枝数量，有利于立体结果。

→ **专家提示**

柿树比其他果树的嫁接要求更严格，一是嫁接时一定要选择晴天，在上午9时至下午4时嫁接成活率最高，注意把接芽接到阳面，不要在阴雨天或早晨露水未干时嫁接；二是由于砧木和柿树均含有大量单宁，切面极易氧化，形成黑色的隔离层，阻碍愈合，影响成活，为此，嫁接时芽接刀要锋利，尽量加快切砧木、削接穗和绑缚的速度，接口绑缚要严紧，随时用干净布擦净刀片。

第二节

重要观赏树木的嫁接育苗和高接换种

一、松柏树的嫁接

松柏树是我国主要的用材树和绿化美化环境的树种。其繁殖方法主要是种子繁殖，种子繁殖的后代会发生分离。如果亲本生长慢且树形矮小、经济性状差，其劣质性状会传给后代。为了生产遗传性状良好的种子，可以用嫁接繁殖来建立优良品种的种子园。在种子园中所采集的种子，比在一般树上采集的种子，在生长速度和木材产量等方面，能提高 15% 以上。同时，用嫁接繁殖形成的种子园，长大后能提早开花结实。如红松林，一般需要 80 年才开始结实，而嫁接树 5～8 年即可结实，提供生产上需要的种子。种子园的树冠能矮化，生长集中，采种比较方便。这对松柏树的发展可以起到重要的作用。

1. 砧木与接穗的选择

进行松柏树的嫁接，其砧木和接穗最好为同一树种。用本砧嫁接成活率高，生长旺盛，寿命长，不会产生不亲和现象。但有些树种的种子发芽率低，苗木生长慢，如圆柏、龙柏和翠柏等。对这些树种，嫁接时可选用侧柏作砧木。嫁接华山松和五针松可选用油松和黑松作砧木。砧木的年龄应与接穗枝条的粗细相适应。油松、樟子松、华山松等树种可用当年新抽枝条作接穗，粗度一般为 0.5～1 厘米，嫁接时宜选 2～3 年的同种苗木作砧木。圆柏枝条较细，嫁接时用 100 天左右的侧柏苗作砧木为最适宜。

接穗要选取优树树冠中上部外围的 1 年生健壮枝条。松树接穗长度一般为 10～15 厘米，粗 0.5～1 厘米，柏类接穗长 2～5 厘米，粗 0.1～0.15 厘米。春季嫁接时，如果优树距嫁接地很远，应在树液开始流动前 20 天左右，把接穗采回，并去掉枝条中下部的针叶。然后按优树编号打捆，运输过程中要防止失水。运回后用湿麻袋包装，放入冷窖中保存，防止接穗萌动。夏季或秋季嫁接时，最好是随采随接，或用水浸泡基部，以保持接穗新鲜。

2. 嫁接部位与嫁接时间

砧木用 1～2 年生部位进行嫁接，如果用 3 年生以上的茎进行嫁接，则成活率显著下降。接穗必须用 1 年生部位嫁接，因老枝条嫁接难以成活。若砧木和接穗都用 1 年生部位进行嫁接，生长发育比较年幼，枝条硬度小，因而易切削，绑缚时两切口易贴紧，嫁接容易成活。

松柏的嫁接时期，以春季顶芽开始伸长时为最好，因为这时砧木与接穗都储存较多的养分，同时气温也比较适宜。河北地区，松柏的嫁接时期主要在 4 月上中旬。夏秋季节也可以嫁接，但夏季气温过高，影响成活，秋季松柏类停止生长比较早，嫁接愈合比较慢。

3. 嫁接方法

（1）**双髓心形成层对接**　松柏类的 1 年生枝条都有一个明显的髓部。由于处在枝条的中心，故叫髓心，髓心是由一些没有分化的细胞组成。当髓心细胞处于伤口的情况下，受到创伤激素的影响，能很快分裂，形成愈伤组织，故叫髓心形成层。因此，松柏类在嫁接时，除了双方木质部和韧皮部之间的形成层互相愈合外，双方的髓心形成层也能互相愈合。

在松柏嫁接时，砧木和接穗顶芽下部，都要保留几十束针叶，其余嫁接部位的针叶要全部去掉。嫁接时先削砧木，嫁接刀自下而上地通过髓心将砧木切开，切口长 4～7 厘米，呈舌形斜面。然后削接穗，由顶芽下 1.5 厘米处下刀，自上而下地通过髓心，将接穗切开，切口的形状和大小与砧木相同。然后将砧木和接穗的切口对齐，用塑料条绑紧（图 6-37）。

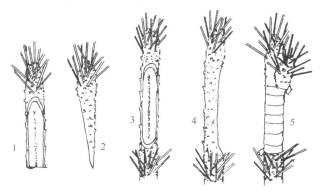

图 6-37　双髓心形成层对接

1—接穗切口正面；2—接穗切口侧面；3—砧木切口正面；
4—砧木切口侧面；5—结合，绑缚

（2）**髓心形成层对接**　当松柏的砧木比接穗明显粗时，可采用形成层对接法进行嫁接。砧木和接穗顶芽下部保留几十束针叶，将嫁接部位其余针叶全部去掉。嫁接时，在砧木顶端以下 5 厘米处，向下削去 5～8 厘米的韧皮部，切口宽度约为 2 个叶痕，露出浅白色的形成层不露髓心。如果切削太深，则露出的为白色的木质部，切削太浅，所露出的为绿色的皮层，切削深度适当时，则露出较多的形成层。削接穗时，由顶芽下部 1.5 厘米左右处，向下通过髓心切开，切口呈舌形斜面，长、宽与砧木切口相同。然后将砧木、接穗的切口对齐，用塑料条绑紧。这样既能使双方的形成层对接，同时又能使接穗的髓心与砧木形成层相接（图 6-38）。

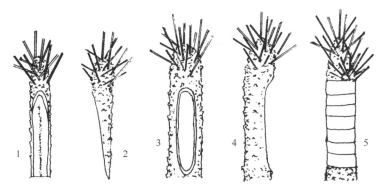

图 6-38　髓心形成层对接
1—接穗切口正面；2—接穗切口侧面；3—砧木切口正面；
4—砧木切口侧面；5—结合，绑缚

（3）**双形成层对接**　将松柏砧木和接穗都通过形成层切开，基本不伤木质部或少伤木质部，双方都露出浅白色的形成层，不露髓心。切口下端要削成舌形的薄斜面，将砧木和接穗切口对齐对严，用塑料条绑紧。对于砧木和接穗都比较细的树种以采用此法嫁接为宜（图 6-39）。

（4）**腹接**　在砧木与接穗粗度相同或砧木略粗时，可用腹接法。在砧木切口处去掉针叶，伤口一般长 1.5～2 厘米，然后将接

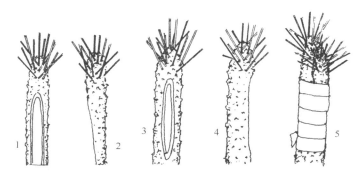

图 6-39　双形成层对接

1—接穗切口正面；2—接穗切口侧面；3—砧木切口正面；
4—砧木切口侧面；5—结合，绑缚

穗两侧削到末端呈楔形，削口长度与砧木的切口相当（里面略长于外面）。然后将接穗插入砧木切口，使形成层相互对齐贴严，再用塑料条绑紧。当接穗粗而短时，用腹接法较为适宜（图 6-40）。

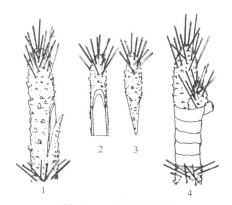

图 6-40　针叶树腹接

1—砧木切口；2—接穗切口正面；3—接穗切口侧面；4—结合，绑缚

（5）**针叶束嵌接**　这种嫁接方法用得不多，但成活率高。嫁接如同方块芽接，将接穗皮切下一方块，中间为一束针叶。再将5～6年生砧木顶端嫁接部位及附近的针叶去掉，用刀削切出与接穗同

等大小的方形接口，去掉皮层露出形成层，将削好的带针叶束的接穗，嵌接到砧木接口上，使双方形成层密接。然后用塑料条捆绑严紧，并用塑料袋套在新枝梢上，将嫁接部位下端绑紧。同时搭1米高的棚遮阴（图6-41）。

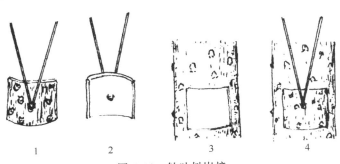

图 6-41　针叶树嵌接

1—带一束针叶接穗正面；2—带一束针叶接穗反面；
3—砧木切口；4—接穗嵌入砧木切口

针叶束嵌接后1个月，针叶束呈绿色，证明已经成活，应及时去袋、撤棚和松绑，并在接口上1厘米处剪砧。然后在针叶束块范围内涂抹混有一定浓度细胞分裂素的羊毛脂，促进松针束中间的芽萌发。以后要及时抹掉砧木上的芽，促进接穗芽萌发生长。

4. 嫁接苗的管理

春季嫁接时，在接后60～70天，对成活后的接口要解绑，并剪去上方的砧木。秋季嫁接时，当年不要解绑和剪砧，到翌年春季抽梢前再进行。解绑过早，由于双方还没有完全愈合，因而接口容易裂开；解绑过晚，则会使绑缚被勒处变细而易遭风吹折。嫁接后要及时检查接穗是否萌动。当接穗抽梢时，要立刻把砧木的顶芽瓣去，以便集中养分供接穗生长。完全愈合后，接穗明显生长时，再把接口上方1.5厘米处以上的砧木剪除，即留茬约1.5厘米。如果留茬过低，则伤口的水分蒸发会妨碍接穗生长。如果留茬过高，则接穗不能直立生长。当接穗进入正常生长后，再把砧木部位的干桩剪去，接穗就处于顶端，可以完全直立生长。

为了促进接穗生长，保证树体有一定叶面积，对砧木上的侧枝，要分次进行修剪。到接穗能形成圆满的营养枝后，即可将砧木枝条全部剪去。

5. 大树多头高接

为了加速优良种子园的形成，可以选择生长好、林木整齐一致的松柏园，对年龄较大的树进行高接换种，以加速形成种子园。其嫁接方法也是采用以上苗木嫁接的方法。各种方法可以灵活运用。对于中央领导干和各主枝头，可以采用双髓心形成层对接法；对中下部枝条，可以用腹接法。通过多头高接，使较大的树得到改造。嫁接成活后，将砧木芽全部掰掉，促进接穗生长。当接穗枝叶茂盛时，可将砧木所有的枝条剪除。由于种子园要求互相授粉的树都是优种，不允许有劣种树花粉混杂其中，所以必须反复清查，除去砧木枝条或建立隔离区，以保证优种的纯度。

二、五针松的嫁接繁殖及盆景制作

五针松原产自日本，在我国长江流域及广州、上海与青岛等地早有栽培。近年来，它已为南北各省园林生产和居民所广泛栽种。五针松以它的枝干苍劲挺拔，针叶葱茏而博得人们的喜爱。经过培养造型的五针松，不但具有极高的观赏价值和经济价值，而且是制作盆景的珍贵材料。五针松可用播种、扦插和嫁接繁殖。播种繁殖，由于种子不易多得，而且生长较慢，因而生产上一般不常用。扦插繁殖，生根比较困难，生长也很慢。嫁接繁殖，可以利用生长快的砧木，由于砧木根系发达，嫁接后五针松生长较快，而且便于人工制作成各类盆景，因此嫁接应用更为广泛。

1. 砧木和接穗的选择

（1）**砧木选择** 在各种松柏植物中，以黑松作五针松的嫁接砧木亲和性好，根系发达，嫁接后生长健壮。黑松以 3 年生幼树为最好。幼树生长力强，嫁接后成活率高。除黑松外，马尾松也可作为砧木，但亲和力较差，生长势不及黑松砧木。也可以用造型姿态好、树龄较大的黑松作砧木，培养姿态苍老的桩头盆景（图 6-42）。

图 6-42　黑松

（2）接穗选择　五针松的品种，一是短叶五针松，系法国品种，树冠直立狭窄，枝短而密，长仅 2～3 厘米，是制作盆景的上品；二是矮丛五针松，系日本品种，树冠直立，枝短而稀，叶短而细，叶丛较密，也是制作盆景的佳品；三是叶尖黄白色和绿色的银尖五针松，叶色苍绿、叶面气孔特粗的粉绿五针松，叶片螺旋弯曲的龙爪五针松。这些五针松各有特色，也可根据需要作接穗用。

接穗要从生长健壮、无病虫害的五针松母株上采集。要采集树冠外围生长良好，粗壮的 1～2 年生枝的顶枝梢，取下后要立即嫁接。如需运输，则要用湿麻袋包好，以保持其新鲜和湿润。

2. 嫁接时间

用 1～2 年生枝作接穗，嫁接最适宜在早春 2～3 月进行。此时五针松的芽即将萌发，砧木的树液开始进入活动状态，嫁接后外界条件对接穗生长有利。如果在秋天嫁接，一般在 9～10 月进行。这时砧木植株营养积累多，树液浓缩，五针松芽进入休眠期，故秋接的效果不如春接的好。另外，用正在生长的五针松嫩梢作接穗，可在 6 月梅雨天嫁接，接后防雨，成活率也很高。

在嫁接时，应避开不良的气候条件，如阴湿低温天气和大风雨雪天气，要选择无风、阴天、湿度较大的天气进行嫁接。在一天之内，最佳的嫁接时间是上午 9 时至下午 3 时。

3. 嫁接方法

（1）**小树腹接** 选用 3 年生黑松幼树作砧木，在其根部以上 5～6 厘米处进行腹接。腹接一般插 1 个接穗，但如果接穗较细，也可以左右各插 1 个。每个接穗要有一边形成层与砧木形成层相接。插 2 个接穗造型更好。插入接穗后，用塑料条绑扎好，再套上塑料袋，将接口和接穗或整棵盆景都套在口袋中。一般在 2 个月后可完全接活，然后将塑料袋拆除。

（2）**嫩枝嫁接** 取当年萌发的五针松嫩枝，长度约 6 厘米，除去其基部 3 厘米以下部位的针叶，用刀将两面削成楔形。然后将黑松幼树当年萌发的嫩枝顶截去一部分，同时将伤口下 3 厘米内的针叶抹去，从中心切开，进行嫩枝劈接。最好使砧木和接穗双方的嫩枝伤口面同样大小，可使左右双边形成层和髓心都能相接。接后用塑料条绑牢，然后套上塑料袋。待 1 个半月伤口愈合后，可拆除塑料袋。

（3）**老桩嫁接** 选用几年生或几十年生的砧木。由于其根系大，因而植株也很大，从根到新梢之间有很大的距离。如果用嫩枝嫁接，则五针松的枝叶远离根部，不能形成理想的盆景。在这种情况下，一般可采用多头腹接法及多头钻孔接进行嫁接，使五针松的接穗从上到下都有分布。嫁接成活后，不能将砧木枝叶全部去除，否则，由于枝叶过少，嫁接树生长会日趋衰弱。

利用顶端优势，可以促进五针松的生长。具体方法是用铁丝盘扎黑松的枝条，人为地改变其位置，将砧木的顶端压低，而抬高接穗的高度（图 6-43）。

用这种方法可使砧木生长的顶端优势转移到接穗上，从而抑制

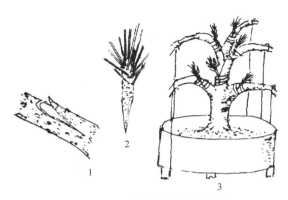

图 6-43　五针松老桩多头腹接
1—砧木切削；2—接穗切削；3—多头腹接，砧木拉枝

砧木的生长，促进接穗快速生长。这种方法操作简单，只要能够使盘扎后的砧木枝条位置低于接穗就可以了，其位置越低效果越明显。采用此法，再结合摘心和环割措施（在需削弱的枝条下用刀拉切一圈），效果会更好。

三、龙柏、金叶桧柏和金枝侧柏的嫁接

在圆柏（又叫桧柏）、侧柏的长期发展过程中，发生了一些变异。龙柏分枝较粗壮，每个分枝形成一个小塔形树冠，使整个树冠貌似群山迭起，优美壮观。金叶桧柏和金枝侧柏的枝叶变成以黄色

为主的黄绿色，在阳光下呈金黄色，光彩夺目，可增加大自然的色彩。但是这些变异用种子繁殖不能保留下来，而只能用扦插或嫁接繁殖，才能保留这种变异性状。扦插繁殖，从小插穗长大，比较缓慢。而嫁接繁殖则可加速发展。因此，嫁接繁殖是加速繁殖发展有益变异柏树的有效手段，对于改善园林绿化、美化环境，具有重要的意义。

1. 砧木和接穗准备

（1）**砧木种类与培养** 嫁接龙柏用侧柏或圆柏作砧木；嫁接金叶桧柏用普通桧柏作砧木；嫁接金枝侧柏用普通侧柏作砧木。侧柏种子在9～10月成熟，球果成熟时，由绿色变成黄褐色。将成熟的果实采集后，进行晾晒，使鳞片开裂。将脱出的种子收集起来进行干藏。在室温下，用布袋包装种子，可干藏2～3年，仍能保持较高的发芽率。在播种前，要对种子进行处理。可用30～40℃的温水浸种12小时，捞出后装于蒲包内，放在背风向阳的地方，每天用清水淘洗1次，并经常进行翻动。当种子发芽后即可播种，每667平方米播种量约为10千克。

桧柏种子皮厚，发芽较难，必须在采种后进行沙藏层积处理。在早春采的种，应在5～6月进行沙藏，使种皮在湿热条件下得到软化。沙藏时间需120天以上，到翌年春季播种。因桧柏只有约2%的受精率，发芽率不足2%，所以每667平方米播种量需30～40千克。

育苗地以沙壤土为好。整地可采用高垄方式，垄高15厘米，垄距70厘米，每垄2行，开沟条播，覆土厚1厘米左右。播种后，用地膜覆盖。待种子发芽后，要及时将膜揭掉。通过加强管理，其2～3年生幼树可作为砧木进行嫁接。

（2）**接穗准备** 要选择株形好的龙柏树，以及颜色鲜艳的金叶桧柏树和金枝侧柏树，剪取顶端的强壮枝作接穗。为了保持原株的株形，可选用侧枝的顶端强枝。要注意的是，不能采集无顶端生长的小侧枝。这类枝生长势弱，接后顶端生长不明显，姿态差。接穗的大小要和砧木相适应。砧木小时，接穗长 5～6 厘米即可；砧木大时，接穗可长达 10 厘米左右，或更大一些。接穗以随采随接为好，如果接穗要进行短期运输，则可将其装在湿麻袋中，并使其在运输中保持低温的条件。

2. 嫁接方法

嫁接最好在春季砧木明显生长以前进行，一般在 3～4 月。在南方地区，嫁接时间要早一些；北方地区要晚一些。嫁接时，在砧木近地面根颈处深切一刀，用腹接法将接穗插入切口。接后用塑料条将接口捆紧，同时套上塑料袋，以减少接穗水分蒸发。嫁接成活后，将塑料袋摘除，并将砧木部分剪截，控制砧木生长。

到翌年春季，对嫁接树进行移栽，移栽时根部要带土团。种植时，将砧木根部斜放，使地上部接穗生长的方向，与地面垂直，而砧木则斜生或平生。接穗处于顶端，具有顶端优势，生长旺盛，而砧木的生长则受到抑制。移栽 1 年后，接穗生长良好，可将砧木枝叶剪除（图 6-44）。

图 6-44　龙柏、金叶桧柏和金枝侧柏的嫁接

1—接穗切削；2—将接穗腹接在侧柏或桧柏树干的中下部；
3—嫁接成活后带土团移植，使接穗直立，并剪截压缩砧木

四、龙爪槐的嫁接繁殖

龙爪槐又名垂槐，是国槐的一个变种。具有国槐生长迅速、叶色浓绿、根系发达、寿命长等特点。同时枝条扭曲下垂，树冠伞状，成为一个半中空的圆球形，姿态十分别致优美，是我国重要的绿化美化树种，也是我国特有的观赏树木。龙爪槐由于枝条下垂不能往上生长，所以必须用嫁接来繁殖。龙爪槐嫁接在已生长较高的国槐上，才能形成伞状树冠（图 6-45）。

图 6-45　国槐嫁接龙爪槐

1. 砧木的培养

（1）**种子处理和播种**　要用国槐作砧木，不能用洋槐作砧木，这两种树有时都叫槐树，但有很大差别。国槐种子在 9～10 月成熟后即可采集，一般可以干藏越冬。在播前 20～30 天用 80℃热水浸种 5～6 小时，让水温自然冷却。然后捞出种子，掺上 2～3 倍湿沙，堆放在室内保温、保湿，进行催芽。待种子有 30% 开裂后即可播种。播种量约为每 667 平方米用 15 千克。

（2）**主干的培养**　国槐种子播种后，通过加强管理，当年出苗高可达 60～100 厘米。第一年主要养好根系，不宜修剪。第二年春季，按 60 厘米×40 厘米的株行距进行移植。到秋季，一般可生长约 1.5 米高，基径约 1.5 厘米，应对其进行平茬。第三年春季，务必加强肥水管理，促进提早萌芽，进行早期除萌，只保留 1 个壮芽向上生长。当年生长高度可达 2.5 米以上，可满足定干要求。要注意，第二年秋后要进行平茬，这一点非常重要，因为槐树无明显的顶芽，前端芽很密，节间短，如果任其生长，则萌生侧枝很少，苗干短而弯曲，不能形成足够高度的主干。第四年再按 1 米×1 米的株行距移植 1 次。生长期要进行修剪，在主干顶端选留适当数量的分枝，到第五年进行嫁接。

2. 4～5 年生砧苗的嫁接

嫁接方法可采用生长期的芽接或春季枝接。

（1）芽接　于 8 月中下旬至 9 月上旬进行嫁接。在主干 2.5 米左右高处前端产生的分枝（主枝）上进行嫁接。嫁接部位在分枝离主干 30 厘米左右处，接在枝条的外侧。这里要特别注意是接在外侧。如果接在内侧，则不能形成伞状，这是必须强调的。嫁接方法可以用"T"字形芽接。如果 9 月上旬砧木或接穗不能离皮，则可采用嵌芽接。采用以上两种嫁接方法嫁接后，都可以用塑料条作全封闭捆绑，不剪砧。到翌年春季，在接芽前 1 厘米处剪砧。

（2）春季枝接　在春季砧木芽萌动时嫁接，一般接在分枝上，每个分枝接 1 个接穗。嫁接方法可采用插皮接。接穗要进行蜡封。嫁接时，要注意使接穗顶端的芽向外，这也是培养树形的重要条件。如果分枝比较细，不适宜用插皮接，也可以用合接法进行嫁接。合接成活后，接口比插皮接更牢固。

3. 大树高接

对于国槐大树，也可以通过多头高接，形成很大的龙爪槐。其树形成如半圆形大球，很美观，形成天然的遮阴伞。大树高接适宜在春季砧木芽萌动时进行枝接。先把各大小枝条截断，要注意使所留枝茬有长有短，接口处直径最好在 2～4 厘米。接穗要用粗壮充实的龙爪槐1年生枝。事先必须蜡封，嫁接方法也是采用插皮接或合接。一般1头插1个接穗。如果接口大也可以插2～4个接穗。对于接口小的，要用塑料条进行捆绑；对于接口粗的，除用塑料条捆绑外，还要套上塑料袋保温、保湿。

4. 伞状树形的培养

由于砧木多为4～5年生树或大树，树体大，接后萌蘗很多，因此要及时去除。接穗萌芽后，如果接口套袋，则要在前端剪一个小口，以利于通气。到新梢长大后，要除去套袋。新梢生长过程是开始向上生长，然后下垂生长，要用支棍把接穗向上生长部分绑住，以免被风吹断（芽接不必要捆支棍）。

垂枝树必须在冬季进行修剪。为了扩大伞形树冠，在修剪时要在离接口30～50厘米处剪截，剪口芽向外向上。这样翌年芽萌发时先向上、后平生、再向下生长，形成弓形，使树冠扩大。到翌年冬季修剪时，再在离去年剪截处30～50厘米位置剪截，剪口芽向上。到第三年芽萌发时，又是先向上、后平生、再向下生长，形成第二个弓形，扩大树冠。这样连续修剪，几年后使伞形树冠逐渐扩大。修剪时要注意，剪枝长度要根据生长势而定。生长势强的，枝条要适当长留；生长势弱的，枝条要适当短留。另外，一定要使前端芽是向外向上的外芽。如果先端留里芽，则芽萌发后直接往下长，不能扩大树冠。

五、彩叶树的嫁接繁殖

自然界的树叶，在生长期绝大多数是绿色的。到秋天落叶之前，有些树叶能变成黄色，少数能变成红色或紫色等。也有少数树木，在生长期基本上一直能保持红色、紫红色、金黄、黄绿色等，把所在的环境装扮得更美丽。栽培彩叶树成为园林美化的一种手段，受到广大园林工作者的重视。彩叶树往往是一些变种。采其种子所繁殖的后代，不一定是彩叶树。如红叶小檗是重要的园林美化的小灌木。采其种子，播种后出的苗大都是绿叶。所以，发展红叶小檗时大多用扦插法来繁殖。插条生根，对于红叶小檗来说比较容易。但对于很多树木来说，扦插生根则相当困难。所以进行嫁接繁殖是发展彩叶树的有效方法。特别对刚引进的名贵稀有品种，嫁接繁殖可加速优种的发展。

1. 部分彩叶树的种类及其砧木

(1) 红枫 红枫是鸡爪槭的一种。枝条紫红色，细长，横展，光滑，叶呈星状，有 5～7 掌状深裂，紫红色至红色，叶形优美，叶色绚丽，树姿潇洒清秀，为重要的观叶树种。

其嫁接用的砧木为普通的绿叶鸡爪槭。在 10 月采种，略晒去翅。可秋播或春播，每 667 平方米播种量为 4～5 千克。3 月下旬种子发芽出土。幼苗在 7～8 月需短期遮阴防日灼，浇水防旱。当年生苗可达 30～50 厘米高，翌年再移栽。一般生长 2～3 年即可嫁接红枫。

(2) 红叶黄栌 红叶黄栌是普通黄栌中出现的变种。近几年北京地区推出新品种中华红栌，表现为叶片较普通黄栌大，春季红紫色，夏季暗红色，秋季紫红色。幼叶表面被白色柔毛。当年生枝也被白色柔毛、紫红色，多年生枝呈紫褐色。

嫁接红叶黄栌用普通黄栌作砧木。黄栌种子在夏秋之间成熟后，应迅速采种。播种前，其种子要经过 70～90 天的低温沙藏，于翌年 2～3 月播种，当年实生苗高可达 80～100 厘米，一般 2～3 年生幼树最适宜嫁接。

(3) 紫叶矮樱 紫叶矮樱是目前世界上著名的观叶树种。枝条紫褐色，叶片紫红色或深紫红色。春天初生叶片为亮丽的红紫色，同时开淡粉红色的花，花期 4～5 月，带微香。因此，紫叶矮樱是色彩斑斓的观叶植物兼观花植物。

紫叶矮樱不宜用种子繁殖。主要用嫁接和扦插方式繁殖。其嫁接砧木一般选用山杏或山桃，以杏砧为最好。山杏、山桃种子多，育苗比较容易（参考杏和桃的嫁接）。嫁接的紫叶矮樱生长旺盛，极耐修剪，可培养成球形或绿篱，也可作盆景，大多数在公园内被镶嵌于绿荫中。

（4）金叶刺槐　金叶刺槐又叫金叶洋槐，羽状复叶，春季叶片金黄色，夏季叶片变为黄绿色，秋季变为橙黄色，叶色依季节不同而逐渐变化。初夏，金叶刺槐开白色花，有芳香味。

金叶刺槐宜用嫁接法繁殖，其砧木用一般的刺槐。刺槐种子在8～9月成熟。采集种子干藏2～3年，都有较高的发芽率，种子发芽前必须用沸水浸种，才能出苗整齐。其方法是先把种子放入缸内，达缸深1/3。然后倒入沸水，随倒随搅拌，到种子全部淹没为止。过3分钟后倒入冷水，使水温降至40～45℃。浸种24小时后捞出，种子已吸水膨胀，再放在湿润草袋内催芽，每天用温水浇1次，2～3天即可萌发，然后播种。1年生苗能高达1米以上，地径约0.8厘米，即可嫁接。刺槐的大苗和大树，也可以作砧木嫁接。

（5）金叶国槐和金枝国槐　金叶国槐生长习性和植物学特性与国槐基本一样，但叶色在春季为金黄色，夏季为黄绿色，秋后又变成金黄色。金枝国槐也是国槐的一个变种，主要是枝条为金黄色，形成金枝绿叶的景观，到冬季树叶落掉后，金色的枝条鲜明别致，风采脱俗。所以它也是冬季的观赏树木。

金叶国槐和金枝国槐都可以用国槐为砧木进行嫁接。国槐种子在10月采集，采后干藏。在播种前20～30天，用80℃热水浸种，待水温冷却，再浸种5～6小时后捞出掺沙堆放。发芽后播种，每667平方米用种约15千克。1～2年生苗可以嫁接。

（6）紫叶梓树　紫叶梓树是普通梓树的变种。为阔叶乔木，株形开展。春季叶色为紫红色，夏季转为暗紫红色。花朵白色，花径约5厘米，圆锥花序，上部有黄色和棕紫色斑块。

嫁接紫叶梓树宜用普通梓树作砧木，梓树在我国东北、华北至华南都有分布。如果蒴果在5～11月成熟，则可从蒴果中取出种子。种子可以干藏，也可以直接播种。大小砧木都可以进行嫁接。

（7）金叶皂类　金叶皂类为落叶阔叶乔木，无枝刺。幼叶金黄色，成熟叶浅黄绿色。枝条从上而下轮生，羽状复叶。梢顶30～

50厘米处叶片，在生长季保持金黄色不变，非常鲜艳。到秋季，全株叶片变为金黄色。

嫁接金叶皂类可用普通皂荚作砧木。皂荚种子10月成熟，采集后可以干藏。播种前必须进行种子处理。由于其种子外有蜡质层，不易吸水膨胀，故要用沸水烫种3分钟，然后放在温水中浸泡24小时，再催芽播种。一般进行苗期嫁接。大树有枝刺，嫁接操作比较困难。

(8) **红叶臭椿**　红叶臭椿是臭椿树的变种。其株形、叶形和生长结果习性与臭椿树一样，唯一不同的是春季时它的叶为红色，越幼嫩部分越红。到夏天，其叶色转绿，约有2个月的红叶期。

嫁接红叶臭椿可用臭椿作砧木。臭椿种子可干藏。在播种前，用40℃左右的温水将种子浸泡24小时。捞出后混沙催芽。10天后种子露白即可进行播种。每667平方米的播种量为3～5千克。种子发芽后，当年苗可长高达1.5米左右，可嫁接红叶臭椿。

(9) **紫叶李**　紫叶李又叫红叶李。落叶小乔木，叶紫红色，花淡粉红色。紫叶李是樱桃李的变种，在我国各地园林中已普遍栽培。在大量紫叶李中，叶色也有变异，大多为紫红色或暗紫红色，少数叶色艳丽呈红色，个别为亮红色，鲜艳夺目。紫叶李主要是采用嫁接繁殖。在嫁接时，一定选亮红色优株为接穗，以用山杏作砧木为好。

(10) **金叶榆**　金叶榆是近几年发现的普通榆树的变异品种，春季叶色金黄色，非常美观，成为很好的绿化、美化树种，到夏天叶色逐渐转绿，生长速度也很快。

金叶榆可用普通榆树作砧木，榆树种子成熟后即可播种，出苗率很高，1年生苗高达1米即可嫁接。嫁接成活后，在苗圃生长1～2年可形成壮苗，大苗出圃。为了加速发展，也可用多头高接法，接在较大的榆树上，当年即形成金叶榆大树。

2. 嫁接方法

以上所介绍的重要彩叶树种，有些是从国外引进的，有些是国内优选培育的新品种或新变种。在嫁接方法上，因为它们都是落叶树种，所以基本相似。主要嫁接方法如下。

（1）**春季枝接** 春季枝接的最好时期是砧木芽萌动时。要事先采集接穗，并进行蜡封。在砧木离地5厘米左右处进行嫁接。嫁接方法可根据砧木接口大小而确定。对于较大的砧木，接口处直径在2厘米以上者，适宜采用插皮接；对于砧木较小，但接口处直径比接穗粗壮者，可以进行切接；如果砧木和接穗粗度基本相同，则可以进行合接或劈接。采用以上方法嫁接时，用塑料条捆绑嫁接部位，要求包严接口，而又使接穗外露。嫁接成活后，接穗芽可以自己生长。

（2）**夏季芽接** 夏季芽接时期为6月至7月上旬。这时砧木处于旺盛生长期，接穗可用当年生半木质化的枝条。嫁接方法可采用"T"字形芽接或方块芽接等。嫁接部位在砧木离地约20厘米处，接口下部留5～10片老叶。接后用塑料条绑扎露出芽和叶柄。要摘心控制砧木生长，不重剪砧。待过10多天接芽成活后，在接芽上方留5片砧木老叶后剪断砧木，并且要控制砧木芽萌发。也可以在接口上1厘米处，将砧木剪断2/3进行折砧。再过半个月，在接芽上方1厘米处剪砧，促进接穗萌芽和生长。这样分期剪砧并留接口下的砧木叶片，有利于嫁接成活和根冠的平衡。

（3）**秋季芽接** 秋季芽接一般在8月中下旬砧木将停止生长时进行。这时砧木和接穗都能离皮，可采用"T"字形芽接进行嫁接。如果砧、穗不容易离皮，则可用嵌芽接实施嫁接。嫁接后，用塑料条捆绑时，一般可全封闭，不露芽和叶柄，不剪砧或摘心。接后芽不萌发，有利于嫁接苗安全越冬。到翌年春季芽萌发之前，在接芽上1厘米处剪砧，并解除塑料条，注意去除砧木萌蘗，以促进接芽的萌发。

彩叶树除可以进行以上苗期嫁接外，也可以采用大树进行高接换种，以加速彩叶树的发展。

六、木兰科树木的嫁接繁殖

木兰科有 15 个属 250 个种。我国是木兰科植物资源最丰富的国家，其中绿化、美化、香化效果好并广泛种植的有白兰花、白玉兰、紫玉兰、黄玉兰、广玉兰、二乔玉兰等。其繁殖方法有播种、嫁接和压条等。其中白玉兰和紫玉兰主要用播种法，而白兰花、广玉兰和二乔玉兰以及稀有的黄玉兰常用嫁接法繁殖。嫁接可发展选优及杂交育种的木兰新优品种，提高品质，使园林绿化发展到更高的水平。

1. 主要树种介绍

（1）**白兰花**　常绿乔木。树皮灰白色，幼枝及芽有绢毛、绿色。单叶互生。花单生于当年生枝的叶腋，花朵长 3～4 厘米，花瓣 6～9 片，肉质，披针形，花色玉白莹洁或微带黄色。香气四溢，特别是含苞欲放时，香气最浓。花期很长，5～10 月陆续开花，但以春夏之交为主，是我国南方园林中著名的树种。在长期发展的过程中，单株之间有所差别。可以从中选择花期早、花量大、香味浓、花期长、花姿美等优良单株进行嫁接，繁殖成很多无性系。通过鉴定后可定名为新品种。

（2）**二乔玉兰**　落叶小乔木或灌木状，为紫玉兰和白玉兰的杂交种。花单生于新枝上端，花瓣 6 片。花瓣外面为玫瑰红色，内面为白色，有香气。植株先长叶后开花，一年能开几次花。一般分别在 3 月、6 月、8 月和 11 月，共开 4 次花。二乔玉兰变种甚多，应选择花多、色艳且多次开花、香气浓的品种，通过嫁接迅速发展。

（3）**广玉兰**　又名荷花玉兰。常绿乔木，树冠卵状圆锥形。小枝及芽有锈色毛。叶互生，长椭圆形，厚革质，表面深绿色有光泽，背面密生锈色毛。花白色，单生枝顶，5～6 月开花。花径 20～23 厘米，如荷花状，花瓣 6 片，芳香。进行实生繁殖，树龄很大才能开花。嫁接繁殖可提前开花，并可有针对性地发展最佳株系。

（4）**白玉兰** 如图 6-46 所示。落叶乔木。花芽顶生，长卵形。早春开花，花大，花径为 12～15 厘米，纯白色，芳香。萼片与花瓣相似，9 瓣。先开花后展叶。8～9 月果实为红色。具有观花、观果的双重效果。白玉兰在我国广泛种植，是深受人们喜爱的树种。由于长期的实生繁殖，因而单株之间有很大的差异。要通过选优而发展那些优良单株的无性系。嫁接是其中简单易行的方法。

图 6-46 白玉兰

图 6-47 紫玉兰

（5）**紫玉兰** 如图 6-47 所示。落叶小乔木，花紫色（花瓣内外均为紫色），是我国广泛种植的树种。在长期的实生繁殖过程中，产生了很多变异。有的 1 年开花 1 次，也有的开花多次。应选这些具优良性状的单株，进行嫁接繁殖。如今已有 1 年 2 次或 3 次开花的品种，如常春和红运等。

（6）**黄兰** 又名黄缅桂花，黄兰与白兰是同属植物。黄兰是南亚热带至热带地区庭园观赏树种，在我国云南、广东、福建等南方地区广为分布。是常绿乔木，1 年开花 2 次。花期香气宜人，馥郁芬芳，和桂花一样"十里飘香"，故称黄缅桂花。其花朵形状类似白兰花，但花瓣是橙黄色。嫩叶和叶柄、叶背具淡黄色微茸毛。黄兰是重要香料植物，能提取多种价值很高的天然芳香油，用它生产香皂和香水等，香味独具一格，是值得开发利用的香料资源。

黄兰适应性强，适宜在山坡光照充足的地方生长。树高达 10

多米。黄兰可作为白兰花的砧木，用黄兰作砧木，嫁接后2～3年开始开花。白兰株型变矮，适宜北方室内盆栽。紫玉兰也可作黄兰的砧木，为大量发展黄兰建立生产园，以取得优质产品和较高的经济收益。

（7）**含笑** 又名香蕉花。常绿灌木或小乔木，分枝密集。叶互生，椭圆形，革质。花单生于叶腋内，直立，乳黄色。花开而不全放，若含笑态，故名含笑。花瓣6片，边缘带紫晕，肉质，香气浓郁，如香蕉味，故又名香蕉花。每年4～6月为盛花期。果实成鸟喙状，9月成熟。为亚热带树种，长江以南各地广泛栽培。北方均为盆栽。

含笑有多个不同品种。其中的东昌含笑，主干挺拔，冠大荫浓，叶密花香，适作城市主干道、商业街的行道树。还有灰毛含笑、深山含笑和金叶含笑等，很多在城市园林绿化中起到绿化、美化、芳香环保的作用，应大力推广。

除以上几种外，黄色玉兰在北京等地属于珍品，花色纯黄，开花习性同白玉兰。由于数量少，特别适宜用嫁接繁殖。

2. 砧木及培育

以上介绍的白玉兰、紫玉兰、广玉兰、二乔玉兰都是木兰属（*Magnoia*）植物，同属植物之间嫁接都能亲和。嫁接时，一般都用种子较多的紫玉兰或白玉兰作砧木，白兰花、黄兰和含笑为含笑属（*Michelia*）植物，但能用不同属的紫玉兰作砧木嫁接，并在生产上应用，表现生长开花结果良好，所以紫玉兰可作以上木兰科花卉通用砧木。

当紫玉兰果实变红、部分开裂、露出鲜红色的种子时，即可采收。采收后，将其阴干脱粒。由于种子外有一层相当厚的蜡质层，必须将种子先在50～60℃温水中浸泡10分钟，掺些粗沙反复揉搓，破坏蜡质层。然后将洗净种子混3倍湿沙层积，放入背阴的沙藏沟内过冬。到早春土壤解冻后，种子开始发芽即可播种。紫玉兰种子沙藏后发芽率很高，经过加强管理，1年生苗能长高至80厘米以上。

3. 嫁接方法

（1）**春季枝接**　春季枝接一般用生长 1 年的砧木，也可以用大龄砧木。嫁接时期在砧木萌动之前。接穗要用树冠上部粗壮充实、髓心很小的枝条，嫁接部位在砧木上离地 5 厘米左右处。一般采用切接法，也可以用劈接法进行嫁接。对于大砧木，要进行多头高接。接口处粗度较大的，适宜用插皮接。对于落叶树种，接穗要进行蜡封。而对于常绿树种，接穗则不蜡封，接后套上塑料袋即可。

（2）**生长季带叶嫁接**　白兰花和含笑是常绿树，也适合进行生长季嫁接。主要采用以下几种嫁接方法。

① 嫩枝劈接　砧木在冬季前进行平茬，将地上部分剪除。到翌年春季砧木长出萌蘖时，对于 1 年生砧木只留 1 个萌蘖生长，其余的抹除。2～3 年生的砧木，要选留几个萌蘖，其余的萌蘖要抹除。待砧木新梢生长粗壮，并开始木质化时，一般在 6 月左右进行嫁接。接穗要取当年生长的新梢，最好和砧木嫁接处粗度相当。剪截接穗时，上部要留 2 片树叶，叶片大时，要剪去一半。接穗下部要削成楔形。砧木新梢要保留约 10 厘米，并保留下部的叶片，除去接口附近的叶片，用嫩枝劈接法进行嫁接。接后用塑料条捆绑，并套好塑料袋，注意适当遮阴，避免阳光直晒。7 天后，将塑料袋剪一小口通气。半个月后，可除去塑料袋。要及时清除砧木萌蘖，以促进接穗生长。

② 靠接　早春芽萌发之前，将砧木移入花盆中，保留一根主干生长。到春季展叶后，将花盆固定在接穗大树的合适位置，使砧木和接穗的 1 年生枝靠在一起，进行靠接。嫁接成活后，要分 2～3 次剪断接穗和大树的连接。一般接后 20 天，可将接口下的接穗切断 1/2，同时将接口上的砧木新梢剪除。接后 30 天，再将接口下接穗切断 2/3。接后 40 天，可将接穗与大树分离，将嫁接后砧木与花盆移到苗圃培养。

③ 秋季芽接　砧木从春季播种开始，通过加强田间管理，到 8

月中下旬即可进行嫁接。芽接部位在砧木上离地 4～5 厘米处。一般可用"T"字形芽接或方块芽接。接后用塑料条做全封闭捆绑，不剪砧。接芽当年不萌发。到翌年春季萌发前，在接芽上方 1 厘米处剪砧，以促进接穗萌发生长。

七、榆叶梅的嫁接繁殖及其乔木型树冠的培养

榆叶梅是梅花的变种，分布在我国华北、东北及西北地区，南至江浙一带。榆叶梅因叶似榆树叶而得名。其花色、花形美丽，令人喜爱，尤其是盛花时，深浅不一的桃红色花，密布于半球形的树冠上，真是花团锦簇，灿烂夺目，春色满园。榆叶梅可用播种繁殖和嫁接繁殖。播种繁殖虽然简易，但是其实生苗都是单瓣花，而且花色浅，花量少。通过嫁接可以发展重瓣、花色鲜艳、花大、量多的品种。所以，榆叶梅必须通过嫁接繁殖，才能发展一些新优品种。而且通过高接换种，可以形成观赏价值很高的小乔木状榆叶梅。

1. 主要优良品种和砧木

榆叶梅的优良品种，一是重瓣榆叶梅，花重瓣，粉红色，萼片通常 10 枚，花繁密；二是红花重瓣榆叶梅，花重瓣，玫瑰红色，花繁密，花期较晚；三是变种鸾枝榆叶梅，花瓣和萼片各 10 枚，花粉红色，叶片下有毛。

榆叶梅嫁接用的砧木有山杏、山桃、梅及实生的榆叶梅。榆叶梅属灌木，如果要培养成小乔木状，可在山杏等砧木上高接。砧木苗的培养可参考梅砧木的培养。

2. 嫁接方法

（1）**苗期嫁接**　在苗圃繁育砧木苗，一般当年生苗到 8～9 月可以进行嫁接。嫁接可采用"T"字形芽接法。嫁接后不剪砧，接芽不萌发。到翌年春芽萌发之前，在接芽上方 1 厘米处剪砧（图6-48）。要注意抹去砧木上的萌蘖，以促进接芽的生长。另外，常

用的嫁接方法是春季枝接，采用蜡封接穗，使用切接法。以上两种方法成活率都很高。

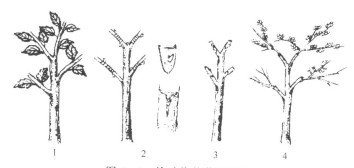

图 6-48　榆叶梅的苗期嫁接
1—用山杏培养成有主干小乔木；2—"T"字形芽接；
3—翌年春天剪砧；4—生长成乔木型优种榆叶梅

（2）**高接换种**　榆叶梅呈灌木状生长，有两个缺点，一是树冠矮小，观赏效果较差；二是砧木基部容易长出萌蘖。由于砧木和接穗都呈丛生状态，因此很难区分，而且往往砧木萌生的枝条比接穗的枝条生长旺盛，嫁接树常常几年后由重瓣多花变成单瓣少花的实生榆叶梅。如果用高接法嫁接后，树冠高，为小乔木状，不仅观赏价值大为提高，而且接口也高，接穗长出的枝条与砧木下部的萌蘖很容易分开，除萌蘖方便，不会鱼目混珠。另外，乔木状与灌木型相结合，有高有矮，可以提高观赏价值。

高接前先要培养砧木，砧木要求先培养主干。无论是上一年的芽接或当年的枝接，砧木都要经过一个生长季的生长。在此期间要保持幼苗的顶端优势，不让侧枝生长，其方法是将刚萌生的侧枝及时从基部抹去，当年能生长 100 厘米以上。到翌年春季，在 80 厘米处定干，并从苗圃移出栽植，在定植苗剪口下保留 3～4 个主枝生长。翌年春季还需短截分枝。这样培养 2～4 年后，便可进行高接（图 6-49）。

高接部位在分枝上。砧木 2 年生可接 3～4 个头，3 年生可接

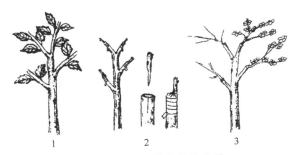

图 6-49　榆叶梅的高接换种

1—用山杏培养成有主干小乔木；2—多头枝接；3—生长成乔木型优种榆叶梅

5～6 个头，4 年生可接 7～8 个头。这种多头高接的树冠圆满紧凑。其嫁接方法主要采用插皮接。无论是杏，还是桃、李或梅，其树皮的韧性都比较强，插皮接时裂口小，成活率很高，嫁接方法容易掌握。但当新梢长至 50 厘米高后，要立支柱绑扶，以防被风吹断。同时，要摘心控制新梢生长、促进多长分枝，达到树冠圆满的状态。接后翌年可大量开花。

附录　主要经济植物的砧木及特性

树　种	砧　木	嫁接目的和特性
乔松 *Pinus bungeana*	华山松	乔松种子极少,可用嫁接发展
五针松 *Pinus parviflora*	黑松	矮化,作树桩盆景
金枝侧柏 *Platycladua orientalis*	侧柏	保持金枝的特性
日本花柏的变种线柏、绒柏、凤尾柏 *Chamaecyparis pisifera* sp.	花柏	保持花柏变种的特性
龙柏 *Sabina chinensis*	桧柏或侧柏	可发展株形优良的龙柏
翠柏 *Sabina aquamata*	桧柏或侧柏	保持翠柏的特性
铺地柏 *Sabina procumbens*	桧柏或侧柏	加速生长,保持铺地柏特性
桧柏 *Sabina chinensis*	桧柏或侧柏	将不好的株形嫁接成美观株形
笔柏 *Sabina chinensis*	桧柏或侧柏	株形美,生长快
金叶桧 *Sabina chinensis* 'Aurea'	桧柏	保持金叶特性
广玉兰 *Magnolia grandiflora*	木笔、天目兰	发展广玉兰优种
白兰花 *Michelia alba* DC	紫玉兰、本砧	加速发展优良品种
黄兰 *Michelia champaca* Linn.	紫玉兰、本砧	加速发展优良品种
含笑 *Michelia figo*	紫玉兰、本砧	加速发展优良品种
楸树 *Catalpa bungei*	梓树	加速发展速生品种
紫叶梓树 *Catalpa bignonioides* 'Purpure'	梓树	发展新选的彩叶树
金叶皂荚 *Gleditsia triacaanthos*	皂荚	发展新选的彩叶树

园林绿化树种

树　种	砧木	嫁接目的和特性
红叶臭椿 Ailanthus altissima	臭椿	发展新选的彩叶树
美国红橡树 Quercus mongolica	蒙古栎	发展新引进的彩叶树
无果悬铃木 Platanus orientalis	悬铃木	发展无果悬铃木
紫叶矮樱 Prunus serrulata	山杏、山桃	发展彩叶树
红花羊蹄甲 Bauhinia blakcana	宫粉羊蹄甲	发展优良品种
紫薇 Lagerstroemia indica	紫薇	改劣换优发展优种
山桐子 Idesia polycarpa	本砧	发展优良品种
小叶榕树 Ficus microcarpa	印度榕	提高榕树盆景的质量
叶子花 Bougainvillea spectabilis.	本砧	形成一株多色树形
毛白杨 Populus tomentosa	黑杨派	发展扦插难生根树种
山茶 Camellia japonica L.	山茶花	发展优种
杜鹃 Rhododen dronsimsii	毛叶杜鹃	发展优良品种;生产快,抗寒性强
桂花 Osmanthus fragrans	小叶女贞	加快生长,保持优种特性
银杏 Ginkgo biloba L.	本砧	繁殖丰产优质雌株或速生型雄株
白玉兰 Michelia alba DC.	紫玉兰	加速生长,保持优种特征
腊梅 Chimonanthus praecox	狗牙腊梅	发展优良品种
红花刺槐 Robinia hisqida	刺槐	发展优种
垂枝毛樱桃 Cerasus tomerntosa	本砧、毛桃	发展优种
丰花紫藤 Wisteria sinensis	本砧	发展优种

园林绿化树种

树　种	砧木	嫁接目的和特性
球茎无刺槐 *Robinia pseadoacacia* var. *umbraculifera*	刺槐	发展优种
毛刺槐 *Robinia hispida* L.	刺槐	发展优种
龙爪槐 *Sophora japonica*	国槐	一般采用高接得到下垂枝形
蝴蝶槐 *Sophora japonica* f. *oligophylla*	国槐	高接,保持性状
桑树 *Morus alba* L.	小叶形桑树	发展大叶型丰产品种
龙桑 *Morus alba* cv. *Tortuosa*	桑树	得到垂枝型
垂枝榆 *Ulmus pumila*	榆树	得到垂枝型
紫叶李 *Prunus Cerasifera*	山桃、山杏	山桃生产旺,叶色暗紫;山杏生长弱,叶色暗红
北海道黄杨 *Euonymus japonicus* Thunb.	大叶黄杨	获得抗寒直立型植株
海棠花 *Malus spectabilis*	海棠、山荆子	发展优良观赏品种
垂丝海棠 *Malus halliana* Koehne	西府海棠	保持品种优良特性
樱花 *Prunus serrulata*	山樱桃实生苗、考特	发展优良品种
榆叶梅 *Prunus triloba*	山桃、毛樱桃	山桃砧呈乔木树冠;毛樱桃砧呈灌木树冠
梅花 *Prunus mume*	山桃、山杏	发展栽培观赏品种
碧桃 *Prunus persica*	山桃、毛桃	发展栽培观赏品种
红枫 *Acer palmatum* 'Atropureun'	鸡爪枫、本砧	发展树叶鲜红的品种
鸡爪枫 *Acer palmatum*	本砧	发展秋叶色鲜艳的品种
挪威槭 *Acer pgtanoides*	挪威槭	发展优良风景林
楸树 *Catapa bignonioideo*	黄金树	美国楸树为伞状树冠,用于观赏
黄栌 *Cotinus coggygria* Scop	本砧	发展红叶优种
冬青 *Ilex cassine*	美洲冬青	发展优种

※左侧纵向合并单元格文字：园林绿化树种

树　种		砧木	嫁接目的和特性
园林绿化树种	扶桑 Hibiscus rosasinensis	本砧	发展优种,生长快
	牡丹 Paeonia suffruticosa	芍药	嫁接后高埋土,产生自生根加速繁殖
	欧洲丁香 Syringa vulgaris	女贞、白蜡、本砧	发展优良品种,加速生长
	荚蒾 Viburnum dilatatum	齿叶荚蒾实生苗	发展雪球等优种
	枸杞 Lycium chincnse Mill.	本砧	改良品种,发展银杞1号等良种
	玫瑰 Rosa rugosa	各种蔷薇	加速发展良种
	现代月季 Rosa hybrida	白玉堂	无刺嫁接操作方便,但抗病较差
		七姐妹	生长快,亲和力强
		白玉堂实生苗	根系发达,抗性强,亲和力好
		粉团蔷薇	生长快,亲和力强,我国普遍应用
		花旗藤	根系特别发达,生长健壮
		壮丽月季	为法国主用砧木,美国用于露地种抗干旱及线虫病
		蔷薇杂交种	美国普遍用于露地栽培
		孟涅提	适合温室月季栽培
		香水月季22449	适合温室月季栽培
		950号	在美国作为树状月季砧木
		多花蔷薇	可培养树状月季
	木香 Rosa banksiae	各种蔷薇	—
	山茱萸 Cornus officinalis	本砧	发展优良品种,改实生繁殖为品种化
	佛手 Citrus medica L.	香橼、柠檬	加速优良品种的发展
主要果树	苹果 Malus pumila	山荆子(山定子)	抗旱,抗寒,生长结果良好,适于山区生长,不抗盐碱,不抗黄叶病
		海棠果(楸子)	抗旱、抗涝、抗寒、耐盐碱
		西府海棠	适应性强,生长结果良好,适于山东、河北、山西等地区应用

树　种		砧木	嫁接目的和特性
主要果树	苹果 *Malus pumila*	河南海棠	适合河南等地发展的砧木
		湖北海棠	适合四川、湖北、云南等气温较高地区发展的砧木
		小金海棠	半矮化，嫁接树生长结果一致，抗性较强、品质好
		武乡海棠	矮化，生长良好，早结果，丰产，但株形生长整齐度差
		陇东海棠	半矮化，根系生长良好，适应性强，植株生长整齐度差
		三叶海棠	较矮化，生长势强，耐旱，耐盐碱，但不抗涝，在东北、山东、日本、韩国应用
		珠眉海棠	从日本引进，半矮化，抗盐碱
		新疆海棠	耐旱，耐贫瘠，生长势强，结果早
		MM$_{106}$	半矮化，生长结果良好，抗根部棉蚜
		MM$_{111}$	半矮化，根系发达，土壤适应性广，结果早，丰产
		M$_4$	半矮化，根系浅易倒伏，不耐旱，结果早，产量高
		M$_7$	半矮化，根系较深，较抗寒耐旱，生长结果良好
		M$_{26}$	矮化，根系较好，前期生长旺盛，后期明显矮化，生长结果良好，也适宜中间砧
		M$_{27}$	极矮化，生长弱，结果早，适宜作中间砧和盆栽果树
		M$_9$	极矮化，结果早，产量高，根系浅，冬春晚抽条，宜作中间砧和盆栽果树
		P 系(1、2、15、16、22)	矮化或半矮化，抗寒力强，结果早，较抗病毒病

附录　主要经济植物的砧木及特性

树 种		砧木	嫁接目的和特性
主要果树	苹果 Malus pumila	渥太华3号	矮化、抗寒力强、较抗病毒病
		崂山柰子	矮化有小脚现象,生长势弱,丰产,结果早,品质好,抗寒性差
		晋矮1号	矮化,生根良好,固地性强,耐寒,抗旱,结果早
		牛筋条	矮化,根系生长良好,有待进一步选育株系
		S系、SH系	矮化,半矮化,适合我国气候土壤条件,有待进一步选育株系,提高无性系繁殖数量
		水枸子	极矮化,结果早,寿命短,适宜作盆栽果树
		山楂	极矮化,后期不亲和
	梨 Pyrus spp	杜梨	根系发达,耐寒抗旱,较抗盐碱,生长结果良好,是东北、华北主要砧木
		豆梨	根系发达,耐热性强,生长结果良好,为华东、华中和西南地区的主要砧木
		麻梨	耐旱,抗旱,生长结果良好,为西北地区的主要砧木
		褐梨	根系发达,生长强壮,树冠高大,结果晚
		酸梨	用高接法接西洋梨,可抗干腐病
		榅桲	矮化,早期丰产,有些品种生长结果良好,国外用安吉斯和普鲁文斯榅桲,矮化,抗寒,抗盐碱
		花楸	矮化,结果早,可做盆栽果树
		山楂	和巴梨或其他西洋梨嫁接能成活,后期亲和力差
		本砧	适应性不如杜梨,苗木一致性差

树　种	砧木	嫁接目的和特性
主要果树		
桃 *Amygdalus persica* L.	山桃	根系发达,耐寒,抗寒较耐盐碱,生长结果良好
	毛桃	抗湿性强,结果早,品质好,寿命较短
	扁桃	矮化,结果早
	毛樱桃	矮化,结果早,寿命短
	寿星桃	极矮化,树冠紧凑,结果早,可作盆栽果树砧木
	野生欧李	极矮化,结果早,果实鲜艳,风味好,寿命短,可作盆栽砧木
	GF-677 和 GF-557	在法国、意大利等地应用,抗黄叶病
	杏、李、山樱桃	后期不亲和
李 *Prunus salicina* Lindl.	山杏	根系发达,生长势强,结果较迟,不耐涝,芽接时易流胶,影响成活
	山桃	生长势强,结果早,品质好
	桃	和山桃相似,抗性较弱
	欧李	矮化,结果早,提高成熟,品质好,可作盆栽砧木
	扁桃、毛樱桃	后期不亲和
杏 *Prunus armeniaca*	山杏	耐干旱,耐瘠薄,适应性强
	山桃	结果早,适应性较差,寿命较短
	本砧	和山杏相似,但抗性较差,果实品质好
	梅、桃、李	后期不亲和
樱桃 *Prunus avium*	大叶草樱	亲和力强,根系较发达,固地性好,不易倒伏,寿命长,较抗根癌病
	莱阳矮樱	成活率高,有矮化作用,根癌病较严重,不耐涝
	北京对樱	适应性较强,寿命长,根系浅,抗风差

续表

树种		砧木	嫁接目的和特性
主要果树	樱桃 *Prunus avium*	山樱桃(青肤樱)	根系发达,抗寒性强,用实生砧生长不整齐,容易感染根癌病
		欧洲甜樱桃	亲和力强,极易感染根癌病,生长不整齐
		马哈利樱桃	成活率低,长势旺盛,树冠高大,常后期不亲和现象
		考特(colt)	—
		桃、杏、毛樱桃	—
	葡萄 *Vitis vinifera*	山葡萄	能提高耐寒性,冬季可以少埋土或不埋土
		贝达葡萄	根系发达,生长结果好,能提高耐寒性
		美洲沙地葡萄	嫁接欧洲葡萄,可抗根瘤蚜和根线虫
		圣乔治	是欧洲的抗葡萄根瘤蚜砧木,抗旱耐瘠薄,生活力强,嫁接苗萌蘖多要及时除掉
		家辛	抗葡萄根瘤蚜,适宜在肥沃土壤生长,产量超过圣乔治,在欧洲广泛使用
		和谐	美国用靠得 1613 杂交而成,具有更强的生活力,高度抗根瘤蚜和根线虫,适合较肥沃的土壤,丰产,优质
		靠得 1613	在美国加利福尼亚广泛应用,抗根瘤蚜和根线虫,适合较肥沃的土壤,丰产,优质
		SO_4	根系发达,耐干旱,耐涝,抗盐碱,抗寒,丰产
		本砧	主要用于改良优质品种,生长结果良好

树　种	砧木	嫁接目的和特性
核桃 *Juglans*	本砧	生长结果早,比实生树结果早,产量高
	铁核桃	适合南方气候,生长结果良好
	枫杨	后期不亲和
	核桃楸	适合北方气候,抗寒,耐寒,生长结果好,有矮化作用
柿 *Diospyros kaki*	君迁子(黑枣)	根系发达,抗寒耐旱,耐瘠薄,适应力强,寿命长,生长结果好
	本砧	抗性比君迁子差,有些品种有矮化作用
板栗 *Castanea mollissima*	本砧	比实生树结果早,产量高,生长结果良好
	野板栗	亲和力强,有矮化作用,生长结果良好,寿命较短
	各种栎类	不亲和或后期不亲和
枣 *Ziziphus jujuba* Mill.	酸枣	耐干旱,抗盐碱,耐瘠薄,结果早,有矮化作用,因酸枣种类不同,矮化程度不同
	本砧	主要用于改换优良品种

(主要果树)

参 考 文 献

［1］ 蔡以欣 . 植物嫁接的理论与实践 ［M］. 上海：上海科学出版社，1959.

［2］ 高新一，孙百龄 . 果树嫁接技术 ［M］. 北京：人民出版社，1976.

［3］ 王秀兰，鲁智丛，刘建瑞等 . 林木种苗实用技术 ［M］. 呼和浩特：远方出版社，2000.

［4］ 李三玉，甘廉生，夏春森等 . 20 种果树高接换种技术 ［M］. 北京：中国农业出版社，2002.

［5］ 马宝焜，徐继忠，孙建设等 . 果树嫁接 16 法 ［M］. 北京：中国农业出版社，2003.

［6］ 房伟民，陈发棣，毛莉菊等 . 园林绿化观赏树木繁育与栽培 ［M］. 北京：金盾出版社，2003.

［7］ 王国英，王立国，王彦立等 . 果树嫁接育苗与高接换优技术 ［M］. 北京：金盾出版社，2008.

［8］ 高新一，王玉英 . 林木嫁接技术图解 ［M］. 北京：金盾出版社，2009.

［9］ 杜纪壮 . 图说北方果树嫁接 ［M］. 北京：金盾出版社，2012.

［10］ 高新一，王玉英 . 果树林木嫁接技术手册 . 第 2 版 . ［M］. 北京：金盾出版社，2014.

欢迎选购化工版种植类科技图书

ISBN	书　名	定价/元
9787122252227	现代葡萄生产实用技术	22
9787122251374	图说核桃周年修剪与管理	25
9787122239785	图说苹果周年修剪技术	25
9787122169303	苹果树简化省工栽培技术	18
9787122193629	核桃病虫害防治彩色图说	28
9787122226570	核桃高效生产技术问答	19
9787122208644	大樱桃实用生产技术	19
9787122245151	图说设施桃树优质标准化栽培技术	29.8
9787122199010	图说设施甜樱桃优质标准化栽培技术	18
9787122186232	图说设施葡萄标准化栽培技术	19
9787122173010	图说板栗优质高产栽培	19
9787122238818	果树嫁接50法图解	22
9787122154996	梨树四季修剪图解	18
9787122204455	梨树简化省工栽培技术	25
9787122185068	梨树高效生产技术问答	19
9787122236241	园林绿化工基础知识读本——园林花卉栽培10日通	29.8
9787122236234	园林绿化工基础知识读本——园林植物病虫害防治10日通	29.8
9787122230386	园林绿化工基础知识读本——园林苗木繁育10日通	28
9787122230461	园林绿化工基础知识读本——园林植物养护修剪10日通	26
9787122217523	水肥一体化实用新技术	29.8
9787122178794	200种常用园林苗木丰产栽培技术	29.8
9787122261533	200种常见园林植物病虫害防治技术	38
9787122261557	200种常用园林植物整形修剪技术	32
9787122261540	200种常用园林植物栽培与养护技术	35
9787122245953	林木病虫害防治实用技术图解	50

更多图书信息，请登录网上书店查询：www.cip.com.cn。

投稿邮箱：cipzh@163.com

投稿咨询：1259157433（QQ）